Physical Science

简明物理史
物理之光

总顾问 周光召 赵忠贤
编著 齐欣 程军 朱幼文

改变世界的物理学正在改变世界，物理世界的遨游者要对功利主义说不。
——表面物理、半导体物理学家；中国科学院院士 王迅

物理有趣，创意无限。
——凝聚态物理学家；中国科学院院士 陈难先

在未知的物理世界面前，科学家都像是小学生充满好奇和无畏。
——超导物理学家；中国科学院院士；第三世界科学院院士 赵忠贤

识宇宙之宏，鉴粒子之微。
——加速器物理学家；中国科学院院士 谢家麟

上海科学技术文献出版社

图书在版编目（CIP）数据

简明物理史·物理之光/齐欣等编著.—上海：上海科学技术文献出版社，2011.1
　ISBN 978-7-5439-4677-4

Ⅰ.①简… Ⅱ.①齐… Ⅲ.①物理学-普及读物 Ⅳ.①O4-49

中国版本图书馆 CIP 数据核字（2010）第 263498 号

责任编辑：张　树　李　莺
美术编辑：徐　利

简明物理史·物理之光
编　著：齐　欣　程　军　朱幼文
出版发行：上海科学技术文献出版社
地　　址：上海市长乐路 746 号
邮政编码：200040
经　　销：全国新华书店
制　　版：南京展望文化发展有限公司
印　　刷：常熟市华顺印刷有限公司
开　　本：740×970　1/16
印　　张：10.75
字　　数：149 000
版　　次：2014 年 4 月第 2 次印刷
书　　号：ISBN 978-7-5439-4677-4
定　　价：25.00 元
http://www.sstlp.com

丛书主编：王渝生
丛书副主编：赵有利　黄体茂
丛书执行主编：朱幼文

总 顾 问：周光召（中国科学技术协会主席，原中国科学院院长，中国科学院院士）
　　　　　赵忠贤（中国科学院物理学研究所研究员、中国科学院院士）

总 策 划：董光璧（中国科学院自然科学史研究所研究员）
　　　　　王渝生（中国科学技术馆馆长、研究员）
　　　　　田　洺（中国科学院政策局副局长、教授）

院 士 寄 语

（按姓氏笔画排序）

改变世界的物理学
飞向继续改变世界
物理世界的邀游者
要对功利主义说不

为世界物理年而题

王迅
2005年4月12日

王迅（1934— ）表面物理、半导体物理学家，中国科学院院士。20世纪80年代提出原子驰豫结构模型和失列——二聚物模型，长期被国外论文所引用。之后，首次实现多孔硅的蓝光发射，并证实多孔硅是一种光学非线性材料。90年代研究硅锗超晶格和量子点。用自组织方法生长的量子点，均匀性优于国际上最好水平。

陈难先（1937— ）凝聚态物理学家，中国科学院院士。在国际上明确提出凝聚态物理和应用物理中玻色、费米及晶格三大类逆问题，并发展了独特而系统的方法。在晶格比热逆问题研究中发展并统一了爱因斯坦与德拜的经典工作。在原子相互作用势库研究中提出了由晶体结合能到对势的严格简捷公式，为复杂材料性能预测和材料设计建立了良好基础。

物理有趣
创意无限

陈难先
2003年

院 士 寄 语

（按姓氏笔画排序）

世界是奇妙的，物理学家都充满好奇，物理学家的学生在未知面前永远是小学生。

赵忠贤

赵忠贤（1941— ）超导物理学家，中国科学院院士，第三世界科学院院士。1976年开始从事高温超导电性研究。1983年，开始研究氧化物超导体及重费米子超导性。1987年，与其合作者共同发现了液氮温区超导体，并首先发现起始转变温度48.6 K的锶镧铜氧系材料和钡镧铜氧70 K超导现象，为中国科学界赢得了世界性的荣誉。

纪念世界物理年：

识宇宙之宏
鉴粒子之微

谢家麟谨题
2005-04

谢家麟（1920— ）加速器物理学家，中国科学院院士。20世纪50至60年代，在领导研制电子直线加速器、大功率速调管等科研工程中获得重要成果。80年代在领导北京正负电子对撞机工程的设计、预研和建造中作出突出贡献。90年代初，领导建成亚洲第一台红外区自由电子激光装置。

序

2005年是联合国确定的国际物理年,我国也举办了"物理年在中国"活动,以纪念特殊相对论(又称狭义相对论)发表100周年和伟大的物理学家爱因斯坦逝世50周年。19世纪末、20世纪初,在古典物理学出现危机的关键时刻,爱因斯坦与其他物理学家们以一系列创新性的科学发现与理论成就,共同拉开了相对论和量子理论为基础的现代物理学革命的帷幕。

相对论和量子力学是20世纪最重要的科学发现,不仅为我们提供了从微观夸克到宏观宇宙的物质和运动的图像和规律,丰富了我们的物质观和宇宙观,而且为20世纪技术的发展提供了科学的基础,并推动着人类社会进入了一个全新的时代。

我们举办世界物理年活动,不仅仅是为了纪念相对论和爱因斯坦,也不仅仅是为了回顾100年来的物理学发展与成就,我们更应看到物理学在推动人类科技、经济、思想文化和社会的进步中所起到的突出作用。从400多年前的第一次科学革命以来,物理学充分显示了作为先进生产力的开拓者、先进文化的创造者和社会进步的推动者的巨大作用。物理学是研究物质结构、性质、基本运动规律及其相互作用的学科。物理学的性质决定了它是整个自然科学的重要基础,是许多高新技术的重要基石,先进思想、先进文化的重要源泉。

科技创新决定着一个民族的命运。从某种角度来看,物理学的发展历史就是无数科学家不断创新的历史。爱因斯坦和其他众多物理学家的成长与科研经历,为中国科学界、教育界和全社会提供了极其宝贵的启示。中国要成为科学强国,必须改革我们的教育方法,创造良好的研究环境,培养和造就一代有理想、有道德,充满社会责任感,掌握、创造和应用最新科技成就,敢想敢干,敢于超越,全身心献身于振兴中华事业的创新型人才。

周光召

2005年4月21日

前 言

100年前的1905年，爱因斯坦在瑞士伯尔尼撰写了5篇科学史上的著名论文。其中，《关于光的产生和转化的一个启发性观点》提出了光量子假说及光电效应理论，在量子理论的发展过程中占有极其重要的地位；《分子大小的新测定》推导出计算分子扩散速度的数学公式；《关于热的分子运动论所要求的静止液体中悬浮小粒子的运动》提供了原子确实存在的证明；《论动体的电动力学》提出了时空关系的新理论，宣告了相对论的诞生；《物体的惯性是否决定其内能》则根据狭义相对论提出了质量-能量转换的思想。

爱因斯坦的上述论文与当时其他科学家的新发现、新理论，共同拉开了近代物理学革命的帷幕。这场以量子论和相对论为基础的近代物理学革命，几乎渗透到了科学技术的所有领域，并将人类带入到一个新的时代。

回顾历史，我们更加清晰地看到，每一次科学革命、技术革命和产业革命无不打下了物理学的深深烙印。物理学革命及其所引发的一系列科学变革，不仅催生出众多的技术变革，推动了产业和经济的发展，并且极大地深化了人类对物质世界的认识，促进了先进思想、先进文化的孕育与形成，从而深刻地改变了人类的物质生活、精神生活和社会生活。

从伽利略、牛顿、麦克斯韦到爱因斯坦、玻尔、居里夫人等物理学革命的缔造者，无疑是科学史乃至人类历史上的划时代伟人。今天回顾他们的科学成就和物理学的发展历程，我们绝非仅仅是为了感念和追思，更重要的是从中汲取可贵的启示与经验，以对我们把握科学和民族的未来发展有所裨益。

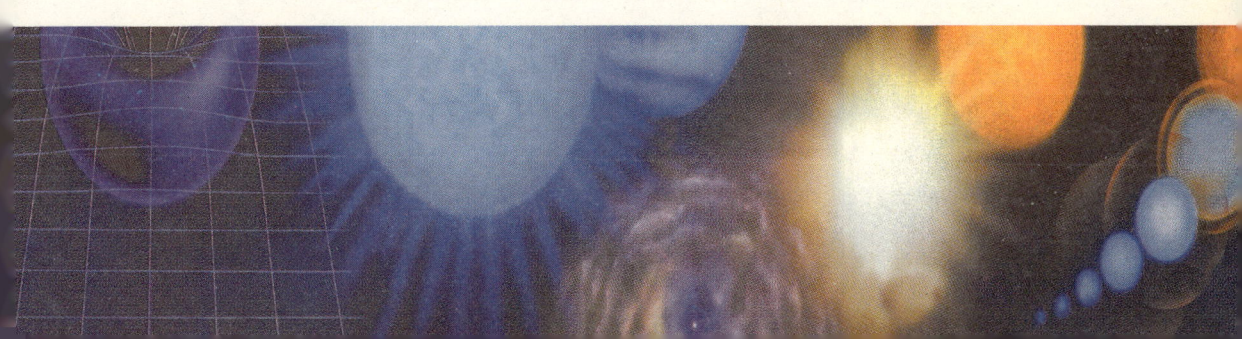

目 录

前 言 ……………………………………………………………… 1

一 冲破黑暗的第一次科学革命 ……………………………… 1
  1. 推动地球的巨人——哥白尼 …………………………… 3
  2. 献身科学的勇士——布鲁诺 …………………………… 6
  3. 天才的观测家——第谷 ………………………………… 7
  4. 天空立法者——开普勒 ………………………………… 8
  5. 近代物理学之父——伽利略 …………………………… 10
  6. 近代物理学之集大成——牛顿 ………………………… 14
  7. 实践是检验科学理论的标准 …………………………… 19
  8. 科学活动的组织化 ……………………………………… 20
  9. 物理学革命带动其他学科发展 ………………………… 24
  10. 点燃理性之光 …………………………………………… 28

二 助燃产业革命的火与电 …………………………………… 31
  1. 蒸汽机的呼唤 …………………………………………… 31
  2. 为蒸汽机工作原理作出科学定义 ……………………… 36
  3. 为天地间各种能量制定法则 …………………………… 39
  4. 打开奇妙的电、磁世界 ………………………………… 42
  5. 电、磁是一家 …………………………………………… 49
  6. 磁生电 …………………………………………………… 51
  7. 电磁理论之集大成 ……………………………………… 54
  8. 开启电气时代 …………………………………………… 57
  9. 从"生产→技术→科学"到"科学→技术→生产" …… 65

    10. 科学与技术携手改变世界 …………………………………… 69
    11. 催生先进思想的科技火花 …………………………………… 71

三　开启新纪元的近代物理学革命 ……………………………………… 75

    1. 乌云阴影下的经典物理学 ……………………………………… 75
    2. 揭开物理学革命的序幕 ………………………………………… 77
    3. "紫外灾难"引发的"量子闪电" ……………………………… 82
    4. 冲破"以太乌云" ……………………………………………… 91
    5. 识宇宙之宏 ……………………………………………………… 106
    6. 探粒子之微 ……………………………………………………… 112
    7. 发掘物质内部的巨大能量 ……………………………………… 116
    8. 新仪器的发明推进科学进步 …………………………………… 118
    9. 引发化学和生命科学的革命 …………………………………… 122

四　新技术革命的发动机 …………………………………………………… 129

    1. 原子能时代 ……………………………………………………… 130
    2. 航空航天时代 …………………………………………………… 135
    3. 电子技术与信息时代 …………………………………………… 140
    4. 军事变革 ………………………………………………………… 149
    5. 激光技术 ………………………………………………………… 153
    6. 超导技术 ………………………………………………………… 155
    7. 物理学的魅力 …………………………………………………… 157
    8. 回顾与启示 ……………………………………………………… 158

一　冲破黑暗的第一次科学革命

16世纪中叶之前，人类对自然的认识受宗教、神学和迷信的影响很大。人们普遍认为自然和天体的运动是神秘的，是由一只看不见的上帝（或其他神灵）之手控制的，而科学家的工作不过是论证和揭示上帝如何创造、支配世界和宇宙的。

同时，由古希腊学者亚里士多德提出、托勒密加以发展的地心说体系深入人心。人们认为地球是宇宙的中心，太阳和其他一切天体都围绕着地球转动。由于地心说符合上帝创世和造人的教义，因此成为基督教的理论根据，其他一切均被视为异端邪说。

16世纪中叶至17世纪后期，在欧洲发生了人类历史上第一次科学革命。物理学是这场革命的主角，既是发动者又是完成者。从此，科学摆脱了神学的阴影，走向理性，诞生了近代科学。

13世纪法国印刷的《圣经》中描绘上帝创世的插图。上帝正在使用圆规以几何的方式设计宇宙，形象地表明了当时科学在基督教中的地位——科学是上帝创造和支配世界的工具

物理之光
WU LI ZHI GUANG

16世纪初的版画《哲学之塔》。塔顶上是神学,下面有几何学、天文学、逻辑学、音乐和诗歌等。它表达了当时人们对于哲学、神学与科学之间关系的认识——科学是哲学的一部分,并且受神学的支配

古希腊天文学家托勒密(约85—165)和他设想的以地球为中心的宇宙体系

托勒密地心说宇宙体系模型示意图

一　冲破黑暗的第一次科学革命

1. 推动地球的巨人——哥白尼

第一次科学革命的发起者不仅是智慧的学者,而且是勇敢的战士。科学的先驱们必须面对宗教和社会的巨大压力,甚至可能付出生命的代价。

16世纪初,波兰天文学家哥白尼经过长期的观测、研究,发现地心说有根本性的错误,于是提出了"日心说",向人们描述了以太阳为中心的宇宙模型:太阳位于宇宙的中心,当时已知的5颗行星和地球围绕太阳旋转;地球也是行星,是球形的,它在绕着自己的轴转,并绕着太阳公转;依距离太阳的由近及远行星的排列次序是:水星、金星、地球、火星、木星、土星;月亮是地球的卫星,它绕着地球旋转;恒星则在远离太阳的一个天球面上静止不动。哥白尼大体上描绘了太阳系结构的真实图景。

波兰天文学家哥白尼
(1473—1543)

波兰北部的利兹堡,哥白尼在此城内由他叔叔主持的教堂中住了9年

名人名言

　　人的天职是勇于探索真理。
　　　　　——哥白尼

哥白尼用以观察天文现象的仪器

作为一个天主教徒，哥白尼深知这一理论太富于革命性。因担心天主教会的迫害，他迟迟不敢公之于世，直到1543年他逝世前夕才发表了13年前就已完成的《天体运行论》。据说，他只用颤抖的手摸了摸书的封面，就与世长辞了。

《天体运行论》是天文学史上的伟大著作，被恩格斯誉为"自然科学的独立宣言"。哥白尼的天文学思想及其新的宇宙体系，第一次揭示了地球和其他行星围绕太阳运转的客观规律，不仅打破了主宰世界近2 000年之久的地心说体系，而且彻底动摇了宗教教义的基础，使"创世说"中有关上帝创造世界的描述成为一派胡言。

名人名言

自然科学借以宣布其独立并且好像是重演路德焚烧教谕的革命行动，便是哥白尼那本不朽著作的出版（指《天体运行论》），他用这本书（虽然是胆怯地而且可说是只在临终时）来向自然事物方面的教会权威挑战，从此自然科学便开始从神学中解放出来。

——恩格斯《自然辩证法》

一　冲破黑暗的第一次科学革命

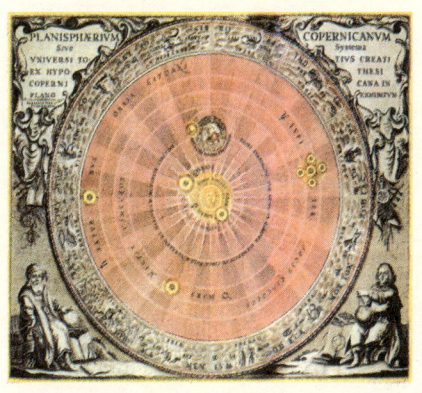

《天体运行论》一书中的"日心说"示意图。水星、金星、地球、火星、木星、土星由近及远地围绕太阳旋转，月球围绕地球旋转

1543年出版的《天体运行论》一书，明确地把太阳置于宇宙的中心

哥白尼日心说带动了一系列观念上的变革。首先，它使地球成为不断运动的行星之一，打破了亚里士多德物理学中天地绝然有别的界限。其次，它破除了亚里士多德的绝对运动概念，引入了运动相对性观念。再次，宇宙中心的转变，暗示了宇宙可能根本就没有中心，而无中心的宇宙是与希腊古典的等级宇宙完全对立的。

日心说也有其时代局限性。例如，哥白尼认为行星的轨道是正圆形，宇宙是有限的球等。但这无损于它的伟大，日心说的这些缺陷后来由开普勒等人加以纠正。

哥白尼的书房

5

2. 献身科学的勇士——布鲁诺

意大利天文学家布鲁诺
（1548—1600）

哥白尼日心说与当时的宗教思想、与占统治地位的亚里士多德物理学相对立，与人们的常识心理相抵触，一开始就遭到了各方面的强烈反对。直到牛顿发现万有引力定律之后，才逐渐为人们所公认。这100多年，日心说经历了一段曲折的历程。

意大利天文学家布鲁诺是日心说的宣传者和捍卫者。而且，他还以天才的直觉发展了哥白尼的宇宙学说，提出了宇宙无限的思想。布鲁诺认为，宇宙是统一的、物质的、无限的，太阳系之外还有无限多个世界。布鲁诺超前于时代太多了，他的无限宇宙图景差不多300年后才得到科学界的公认。

布鲁诺的激进思想使天主教会恼羞成怒。1600年，布鲁诺被宗教法庭处以火刑，烧死在罗马的鲜花广场上，成为近代科学史上第一个殉难者。

> **名人名言**
>
> 　　黑暗即将过去，黎明即将到来，真理终将战胜邪恶！火，不能征服我，未来的世界会了解我，会知道我的价值。
> 　　　　　　——布鲁诺临刑前的最后一句话

意大利罗马的鲜花广场，1600年布鲁诺的殉难处

3. 天才的观测家——第谷

哥白尼日心说一开始不仅受到天主教会的敌视，而且也遭到许多天文学家的反对。丹麦天文观测家第谷本人就反对哥白尼体系，然而他的天文观测工作却为哥白尼日心说的巩固和发展起了重要的作用。

1572年，第谷观测到天空出现了一颗前所未见的明亮的"新星"（现已测知是银河系的一颗超新星）。这实际上给了亚里士多德的天空完美不变的观点以有力的驳斥。丹麦国王腓特烈二世十分赏识第谷的才能，专门拨巨款为他修建了一个天文台——乌伦堡天文台，这是近代第一个真正意义上的天文台。

在皇家天文台工作期间，第谷利用当时最先进的观测技术，广泛、系统、细致、精确地观测并记录天象，达到了那个时代的最高水平。1577年，第谷观测到了彗星，而且证明它也比月亮遥远。这就更沉重地打击了亚里士多德的天界完美观。

1580年丹麦国王腓特烈二世在维文岛为第谷修建的天文台——乌伦堡天文台，意思是"天文之城"

第谷在维文岛上的天文台里工作（1587）。巨大的象限仪用来测量天体的高度，那两个第谷称为"绝对精确"的钟用来定时

> **名人名言**
>
> 我的看法是不必引用权威，而是靠清晰的判断和正确的结论。
>
> ——第谷

4. 天空立法者——**开普勒**

开普勒是德国的数学天才，喜欢解答各种数字难题。他发现用柏拉图的五种正多面体，正好可以表示出六大行星的轨道半径来。1596年，他在《宇宙的奥秘》一书中发表了这一构想，并受到了第谷的赏识。1600年，开普勒接受第谷的邀请，前往匈牙利布拉格协助第谷整理和分析观测资料。

在第谷大量、细致的天文观测资料的基础上，开普勒经过多次乏味的尝试，一次又一次地抛弃了不符合第谷精确观测的结论，后来终于意识到火星沿椭圆形轨道运行，而太阳处于其焦点之一的位置。在此基础上，开普勒又研究了其他几个行星的运动，证明它们的轨道都是椭圆，因此得到了行星运行的第一定律，即开普勒第一定律。这一发现彻底打破了两千年来行星轨道正圆形的观念。

之后，开普勒又发现，虽然火星运行的速度是不均匀

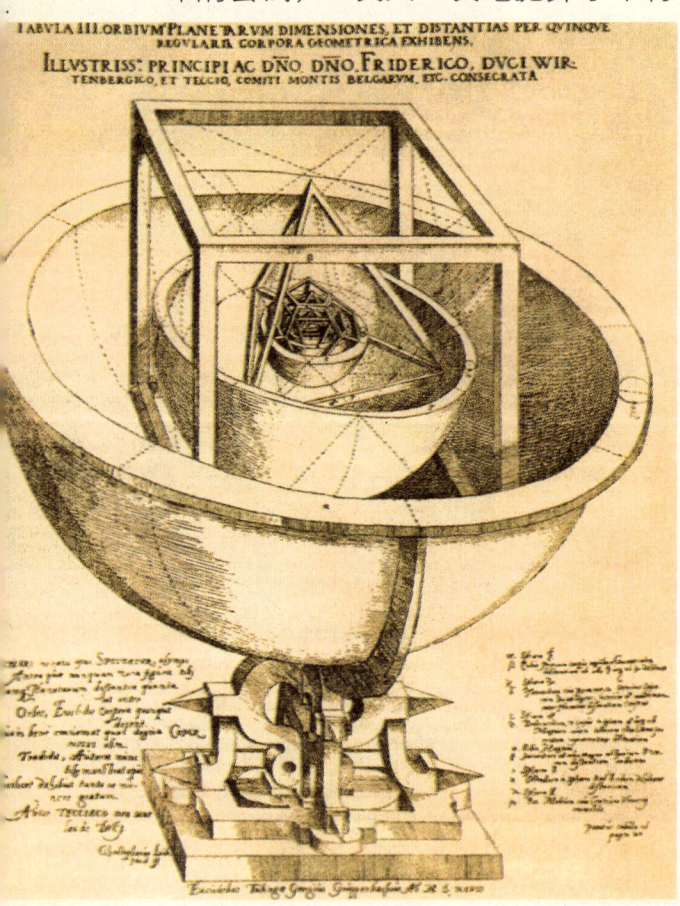

《宇宙的奥秘》一书中，开普勒根据柏拉图的五种正多面体所建立的行星轨道模型：若土星的轨道在一个正六面体的外切球上，则木星轨道在其内切球上；在木星轨道内内接一个正四面体，其内切球是火星的轨道；在火星的轨道内内接一个正十二面体，其内切球是地球的轨道；在地球轨道内内接一个正二十面体，其内切球是水星的轨道；在金星轨道内内接一个正八面体，其内切球是水星的轨道

一 冲破黑暗的第一次科学革命

的,但是从任何一点开始,在单位时间内向径扫过的面积却是不变的,即得出了行星运行的第二定律。在1609年出版的《新天文学》一书中,开普勒发表了关于行星运行的第一定律和第二定律。1619年,开普勒出版《宇宙和谐论》一书,将他已经发现的火星运动两大定律推广到了太阳系的所有行星,而且同时公布了发现的第三条定律。

开普勒的三定律,将所有行星的运动与太阳紧密地联系在一起。从此,太阳系的概念被牢牢确立。更为重要的是,他把哥白尼学说向前推进了一大步,提供了支持日心说的强有力论据。开普勒还大胆设想宇宙有其自身的运动规律而不是由神操纵。

德国天文学家开普勒(1571—1630) 　　开普勒1619年发表的《宇宙和谐论》一书

科学小辞典:行星运行定律

开普勒第一定律:行星围绕太阳作椭圆运动,太阳位于椭圆的一个焦点上。
开普勒第二定律:由太阳到行星的向径,在相等时间内划过相等的面积。
开普勒第三定律:行星公转周期的平方与它同太阳距离的立方成正比。

5. 近代物理学之父——伽利略

意大利天文学家、物理学家伽利略是近代科学开创者中的佼佼者。他创造并示范了新的科学实验传统，并把数学和实验完美地结合起来，为近代科学奉献了最为重要的方法和工具；他还勇敢地、公开地倡导科学应该从神学领域中分离出来。正是他的工作，将近代物理学乃至近代科学引上了历史的舞台。

伽利略对物理实验十分着迷。传说他18岁的时候，在教堂看到一盏吊灯在风中摆动，从而发现了摆的等时性原理，即在摆长固定的情况下，不管摆的幅度多大，摆动一周所需要的时间总相等。

1604年伽利略设计了著名的斜面实验，开创了"理想实验"的方法，为近代科学实验方法的发展奠定了基础。通过实验他精确地得出，在斜面上下落物体的下落距离同所用的时间的平方成反比。这就是著名的落体定律。

名人名言

伽利略的发现以及他所应用的科学推论方法，是人类思想史上最伟大的成就之一，标志着物理学的真正开端。

——爱因斯坦

意大利天文学家、物理学家伽利略（1564—1642）

一 冲破黑暗的第一次科学革命

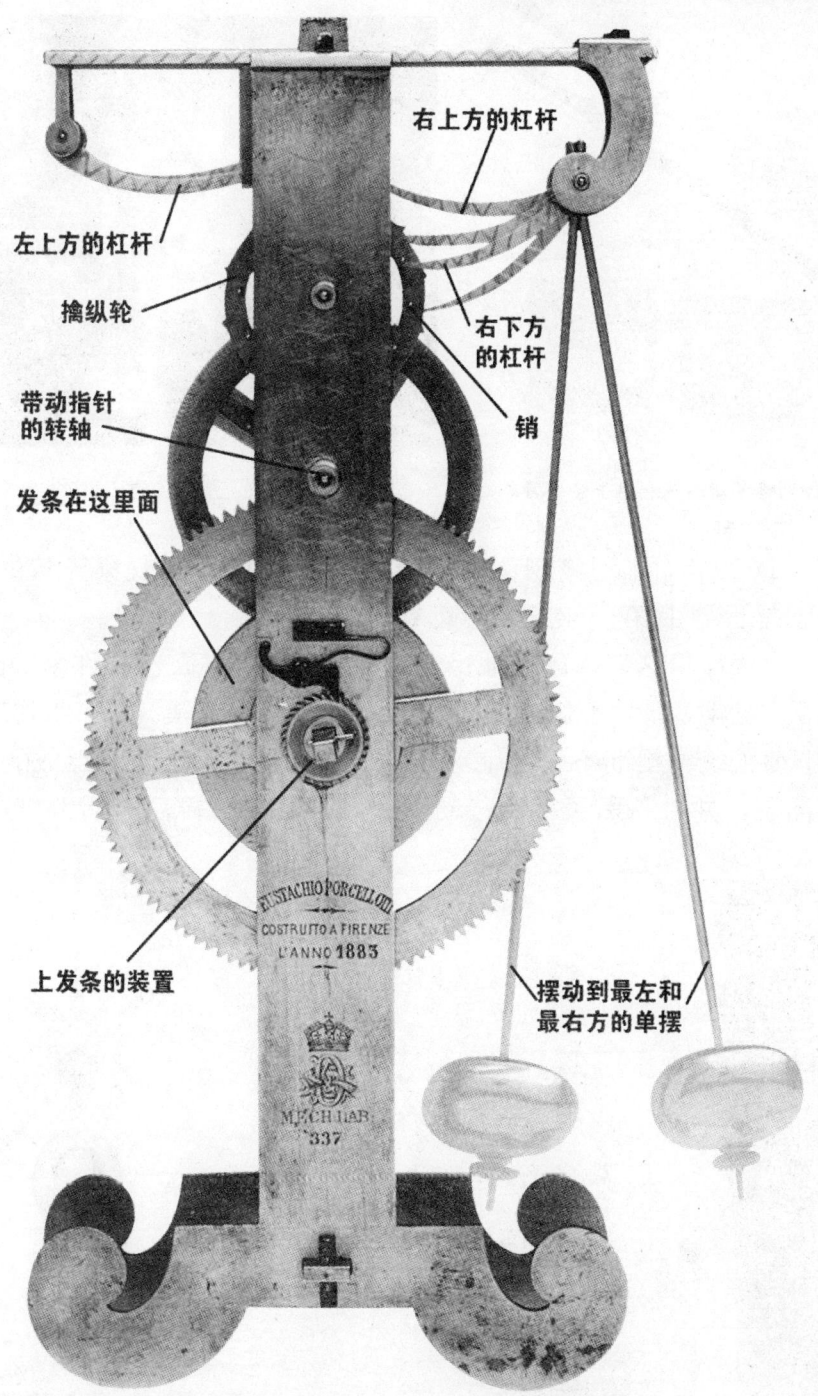

伽利略用不同重量的砝码或"摆锤"制作的钟摆

物理之光
WU LI ZHI GUANG

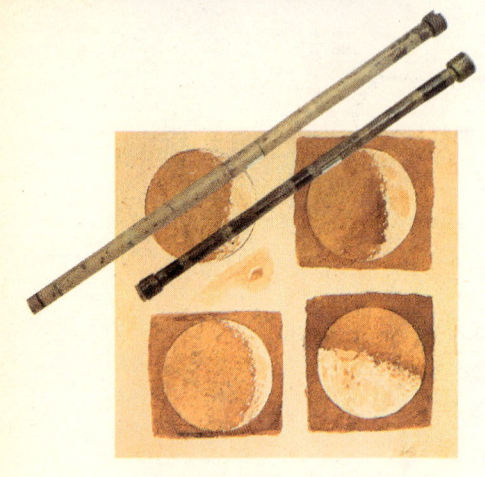

伽利略的望远镜和他手绘的月球

描绘伽利略演示望远镜的油画

1609年，伽利略制作了一架放大20倍的可以观察天象的望远镜，这就是世界上第一架天文望远镜。

之后，用这架望远镜他惊奇地发现：月亮表面也有许多凹凸不平的山岳、盆地，而并不像亚里士多德所说的那样完美无缺；木星有四颗卫星，他们绕木星而不是绕地球转动；银河是由大量恒星组成的；太阳上有黑子，并且从黑子缓慢移动推断太阳是在自转，周期为25天……

名人名言

追求科学，需要特殊的勇气。
——伽利略

据伽利略的学生记载，伽利略曾在意大利比萨斜塔做过自由落体实验，证明落体下落的时间与物体重量无关

伽利略于1609年设计并制作的两架望远镜。其中，那架大的可放大14倍，而那架小的可放大20倍

一　冲破黑暗的第一次科学革命

　　这一系列的发现对哥白尼的日心说给予了有力的支持。但当时的意大利仍处于教会的严酷统治之下，许多人不肯承认与《圣经》和亚里士多德、托勒密著作相违背的新思想。时任德国皇家天文学家的开普勒，公开撰文承认伽利略的发现是真实的。此后，他使用伽利略送来的望远镜亲自进行了观察，再一次证实木星卫星的存在。

　　1632年，伽利略出版了《关于托勒密和哥白尼两大世界体系的对话》一书。该书是科学史上的名著，伽利略花了8年时间才完成。在书中，伽利略再一次以科学为武器向上帝和神学的宇宙体系发起了挑战。然而，伽利略一直没能将他在力学上的成就运用到天体运动中。他还是相信天体做完美的正圆运动，天体并不做惯性运动。

　　《对话》出版后6个月，教会突然下令禁书而且传讯伽利略。1633年，宗教法庭最后判决伽利略终身监禁。据说在宣判之后，这位70岁的老人喃喃自语："无论如何，地球确实在转动呀！"

　　1979年，罗马教皇保罗二世提出为伽利略平反，1980年正式宣布当年教会压制伽利略的意见是错误的。虽然事隔三百多年，但终究表明了真理是不可战胜的。

1632年出版的《关于托勒密和哥白尼两大世界体系的对话》封面。图中人物由左至右为亚里士多德、托勒密和哥白尼

描绘1633年罗马宗教法庭审判伽利略的油画

6. 近代物理学之集大成——牛　顿

　　17世纪后期，英国物理学家牛顿广泛汲取了哥白尼、开普勒、伽利略、笛卡儿等人的成果，实现了自然科学的第一次大综合，是人类对自然界认识的一次飞跃。在数学上，他发明了微积分；在光学上，他发现太阳光由七色光组成，发明了反射式望远镜；在天文学上，他发现了万有引力定律，认为天体并不神秘，万物遵循相同的变化规律；在力学上，他系统总结了三大运动定律，并将地球上物体的力学与天体力学统一到一个基本的力学体系中，创建了完整的力学体系。

　　牛顿力学的建立，标志着从哥白尼开始的第一次科学革命宣告胜

英国物理学家牛顿（1643—1727）继承并发展了哥白尼、伽利略、开普勒、笛卡尔等人的科学成就，完成了近代物理学的第一次大综合

一 冲破黑暗的第一次科学革命

牛顿故居的书房。至今，窗前仍摆放着牛顿1668年发明的世界上第一台反射式望远镜

利完成。在将近一个半世纪的与宗教神学的抗争后，科学终于把上帝驱逐出了太阳系，人们认识到支配宇宙间万物的不是上帝，而是其本身的自然规律。

古希腊科学家亚里士多德认为：白光是一种单纯的物质。这一理论统治了光学领域约2 000年。1665年，牛顿通过实验证明：日光是由红、橙、黄、绿、蓝、靛、紫七色光组成的。牛顿第一次阐明了日光的七色光谱，并科学地解释了雨后产生彩虹的原因。

1686年，牛顿完成《自然哲学的数学原理》一书，正式发表了万有引力定律、力学三定律以及力的合成与分解法则、运动叠加性原理、动量守恒原理等研究成果。书中说明了当时人们所能理解的一切力学现象，解决了行星运动、落体运动、振子运动、微粒运动、声音和波、潮涨潮落以及地球的扁圆形状等各种各样的问题。在此后的200多年

名人名言

如果说我比一般人看得远些，那是因为我站在巨人的肩上。

——牛顿

里，再也没有人补充任何本质上的内容。直到20世纪前期相对论和量子力学理论问世，才改变了牛顿力学一统天下的局面。

牛顿绘制的日光分色实验的示意图。光线从窗户上的小洞射进室内，光束先穿过透镜，再穿过棱镜，然后再通过屏幕上的小洞，穿过第二个棱镜

当日光通过第一个棱镜后被分解为七色光，将其他光挡住，只让紫色光通过第二个棱镜，紫光光带加宽了，但并未进一步分解。这一实验证明，七色光是组成白光的基本光谱

1686年，牛顿出版了不朽科学名著——《自然哲学的数学原理》，开创了人类的理性时代

名人名言

想起他（指牛顿），就会想起他的著作。因为像他这样一个人，只有把他看做是寻求永恒真理的斗士，才能理解他……

——爱因斯坦

一　冲破黑暗的第一次科学革命

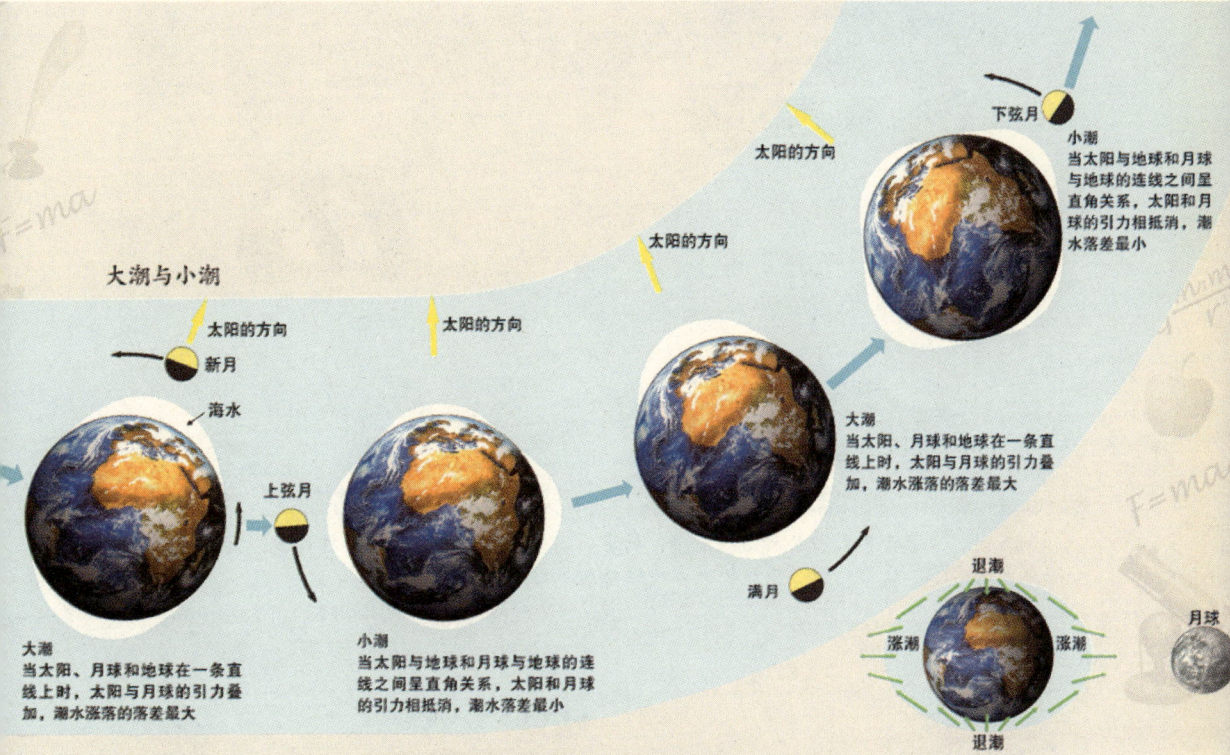

大潮与小潮

大潮
当太阳、月球和地球在一条直线上时，太阳与月球的引力叠加，潮水涨落的落差最大

小潮
当太阳与地球和月球与地球的连线之间呈直角关系，太阳和月球的引力相抵消，潮水落差最小

小潮
当太阳与地球和月球与地球的连线之间呈直角关系，太阳和月球的引力相抵消，潮水落差最小

大潮
当太阳、月球和地球在一条直线上时，太阳与月球的引力叠加，潮水涨落的落差最大

千百年来，人们见惯了潮起潮落。但直到牛顿提出了万有引力定律，人们才真正认识到潮汐现象就是由于月球和太阳对地球的引力造成的，其中月球起主要作用

科学小辞典：万有引力定律

万有引力定律：任何两个物体都是相互吸引的，引力的大小跟两个物体的质量的乘积成正比，跟它们的距离成反比。万有引力定律揭示了空中宇宙天体之间相互作用和运动规律的根本原因。

名人名言

我不知道世人怎样看我，但我自认为我不过是像一个在海边玩耍的孩童，不时为找到比常见的更光滑的石子或更美丽的贝壳而欣喜，而展现在我面前的是全然未被发现的浩瀚的真理的海洋。

——牛顿

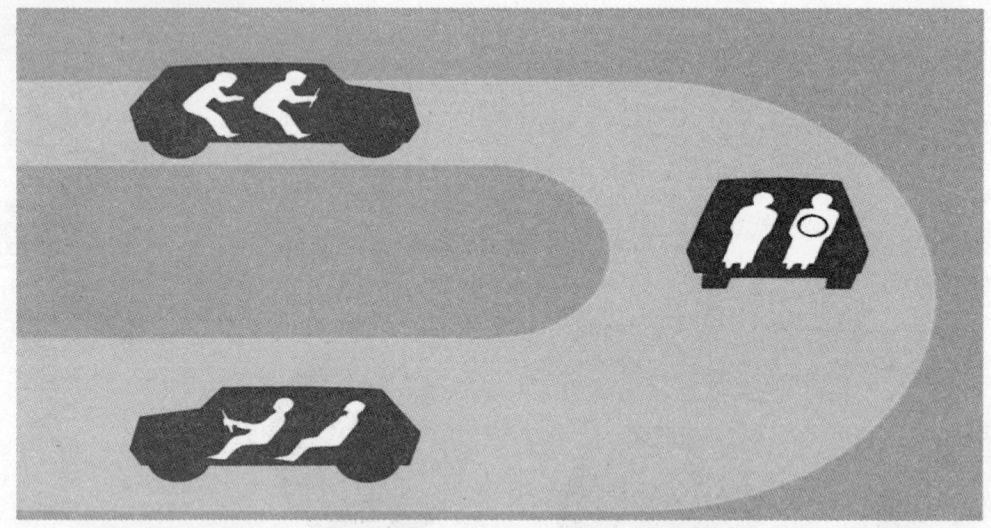

刹车时，乘客会感到被某种力往前推；转弯时，乘客会感到被某种力往外推；突然加速时，会将乘客向后推。这都是由于惯性使乘客要保持原来运动状态的缘故

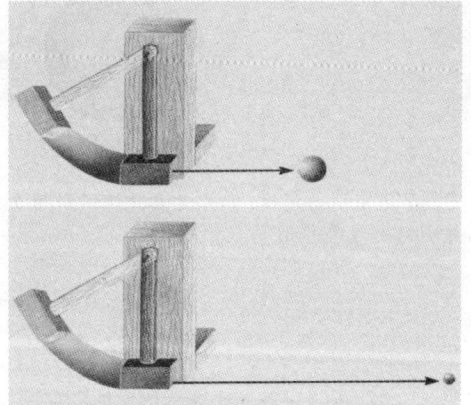

牛顿第二运动定律的实验。当相等的力施于两个物体时，质量较轻的物体获得较大的加速度

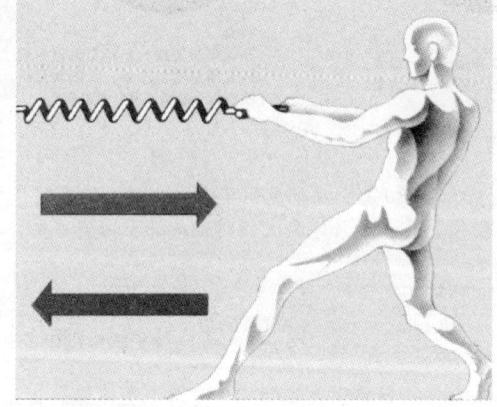

当你用力拉安置在墙上的弹簧时，你给弹簧的力和弹簧给你的力大小相等、方向相反

科学小辞典：牛顿运动三定律

第一运动定律（又称惯性定律）：一切物体总保持匀速直线运动状态或静止状态，直到有外力迫使它改变这种状态为止。

第二运动定律：物体的加速度跟物体所受的外力成正比，跟物体的质量成反比，加速度的方向和外力的方向相同。

第三运动定律：两个物体之间的作用力和反作用力总是大小相等、方向相反，作用在一条直线上。

一　冲破黑暗的第一次科学革命

7. 实践是检验科学理论的标准

近代科学诞生的主要标志,是建立了一套有别于古代和中世纪的自然观和方法论。

伽利略最先倡导并实践实验加数学的方法。他的研究程序可以分为直观分解、数学演绎、实验证明三个阶段,而他所谓的实验是理想化的实验。地球上的任何力学实验都不能避免摩擦力的影响,但要认识基本的力学规律,首先要假设摩擦力为零或通过实验扣除摩擦力,只有这种理想化的实验才可能与数学处理相配套。

牛顿在家中进行日光分色实验

牛顿倡导并实践了"归纳演绎＋数学计算＋实验观察"的科学研究方法,他主张演绎和计算得出的理论必须通过实验或客观观察的结果加以确认,奠定了实验科学方法论的基础,其意义远远超出了物理学领域,是17世纪科学革命的精髓所在,并成为现代科学方法和科学精神的重要组成部分。

伽利略(中央正指着一张图者)正用沿着斜面滚下来的球示范他的惯性理论。科学理论必须经过实验的确认,体现了实践是检验真理唯一标准的思想

名人名言

牛顿成就的重要性,并不限于为实际的力学科学创造了一个可用的逻辑上令人满意的基础;而且直到19世纪末,它一直是理论物理学领域中每个工作者的纲领。

——爱因斯坦

8. 科学活动的组织化

新的实验科学精神，激励了越来越多的人加入探究自然奥秘的行列。牛顿时代以后，科学开始成为独立的行业。科学家的个人成就需要得到承认，科学家们需要相互间的交流、讨论与协作。科学活动的组织化与科研机构的建立，推动了科学的发展。

意大利作为文艺复兴的发源地，也是近代科学的摇篮。1560年，近代历史上第一个自然科学的学术组织——自然秘密研究会在意大利成立，不久后即被教会指为巫术团体而被取缔。

1660年，世界上第一个由政府认可的科学社团——伦敦皇家学会成立，他们注重实验、发明和实效性的研究。一大批科学家特别是著名物理学家成为学会成员。1675年，由英国皇家出资创建了格林威治天文台。

1710年，牛顿主持伦敦皇家学会会议的情景

一　冲破黑暗的第一次科学革命

画家笔下伦敦皇家学会附近的咖啡馆。当时，每周三的下午都会有一些学者来此进行自由讨论

1675年，格林威治天文台成立

1666年，世界上第一个国家科学院——法国科学院成立，该院由国王提供经费，院士有津贴。官方科学机构的成立，表明科学与社会的相互影响日益显现。他们的研究领域包括数学、物理学、天文学、化学、植物学、解剖学和生理学，并进行了大量的物理学实验工作。

1672年，巴黎天文台成立，意大利天文学家卡西尼受邀主持工作。

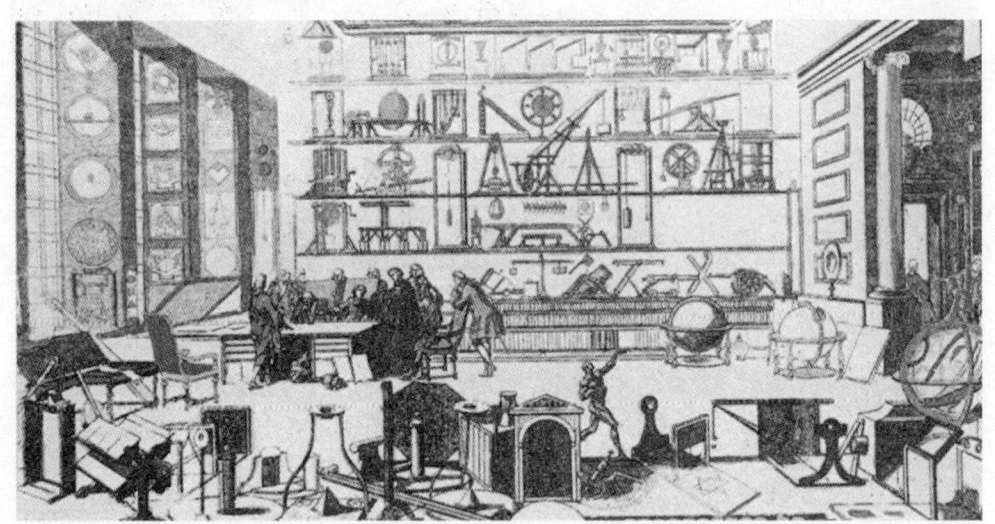

17世纪的法国科学院

1672年，巴黎天文台成立。图为巴黎天文台正面

之后，他发明了一种物镜与目镜分离的无筒望远镜，并用它发现了土星的四颗新卫星。

1700年，柏林科学院在德国哲学家莱布尼茨的倡议下成立，并任首任院长。学院突出的特点是将自然科学和人文科学相互结合，不仅研究数学、物理，还研究德语和文学。

在柏林科学院任院长的德国数学家、物理学家莱布尼茨（1646—1716）。他与牛顿几乎同时独立地发明了微积分，还发现了活力守恒定律（即机械能守恒定律）

9. 物理学革命带动其他学科发展

牛顿力学理论和望远镜的广泛应用，促进了天文学的进步。

1781年，英国天文学爱好者赫歇尔用自制的反射式天文望远镜发现了太阳系的第七颗大行星——天王星。

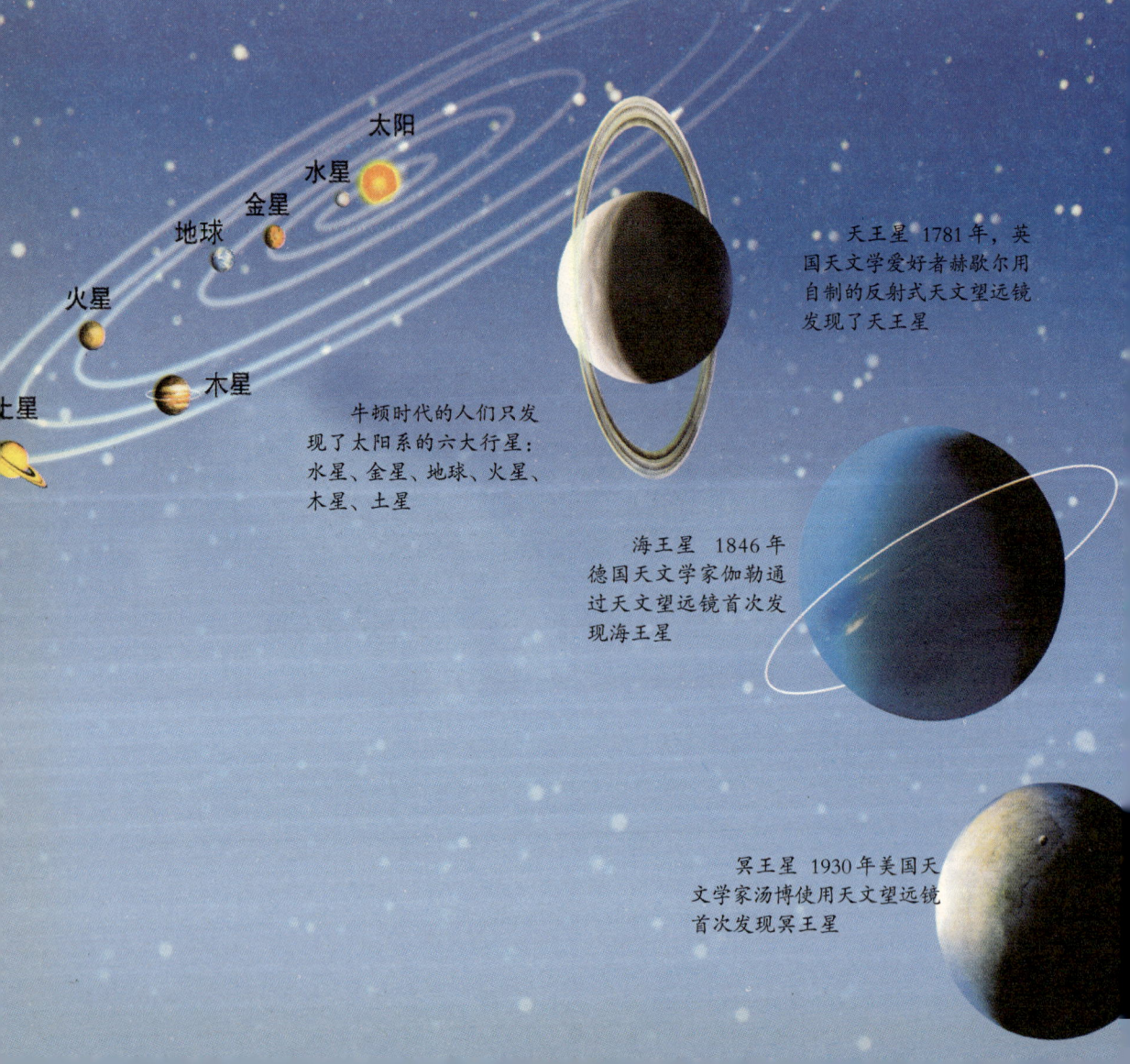

牛顿时代的人们只发现了太阳系的六大行星：水星、金星、地球、火星、木星、土星

天王星 1781年，英国天文学爱好者赫歇尔用自制的反射式天文望远镜发现了天王星

海王星 1846年德国天文学家伽勒通过天文望远镜首次发现海王星

冥王星 1930年美国天文学家汤博使用天文望远镜首次发现冥王星

一　冲破黑暗的第一次科学革命

　　1843和1845年，英国剑桥大学大学生亚当斯和法国天文学家勒威耶根据万有引力定律先后计算出海王星的运行轨道和质量，1846年德国天文学家伽勒通过天文望远镜首次发现海王星。

　　美国天文学家洛韦尔1905年根据牛顿力学公式计算出冥王星的运行轨道，1930年美国天文学家汤博使用天文望远镜首次发现冥王星。

　　科学一次又一次地战胜了神学的宇宙观，人们开始用科学的眼光探索宇宙、观察世界。

赫歇尔发现天王星所使用的天文望远镜。1773年，他运用牛顿所发明的反射式望远镜原理，制作了自己的第一台天文望远镜。此后他又制作了多台望远镜

物理之光
WU LI ZHI GUANG

荷兰生物学家列文虎克（1632—1723）正在用单透镜显微镜进行观察

伽利略是第一个把显微镜用于科学研究的人。他设计了放大近距物像的显微镜，观察到了昆虫的感觉器官，并发现复眼。显微镜在生物学研究中的广泛应用，导致了细胞、细菌、微生物的发现，有力地推动了生物学和医学的发展。

1650年，荷兰生物学家列文虎克制成放大倍数超过250倍的单透镜显微镜。之后，他观察到了原生生物、动物体内的血液循环、红血球、精子等。1683年，他发现了细菌，比其他科学家早一个世纪。

1661年，意大利医学和解剖学家马尔比尼用显微镜发现了毛细血管。此外，他还用显微镜观察了小鸡在鸡蛋中的发育过程，发展了胚胎学研究。

1665年，英国物理学家胡克发表《显微术》一书，展示了他在显微镜下看到的昆虫器官的精细图案，第一次发现了细胞。

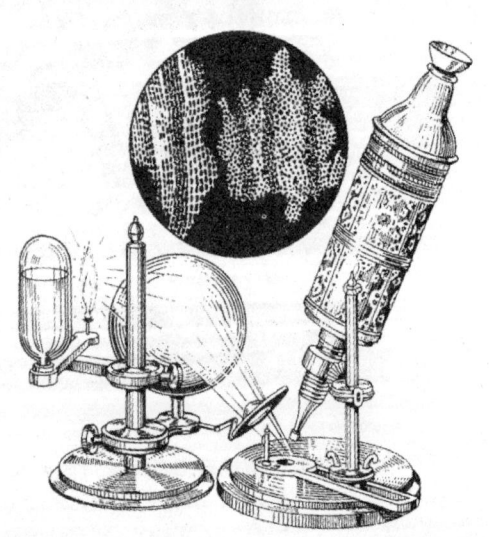

英国物理学家胡克使用的显微镜和他在1665年观察到的软木塞的细胞结构。这是人类发现的第一种细胞

一 冲破黑暗的第一次科学革命

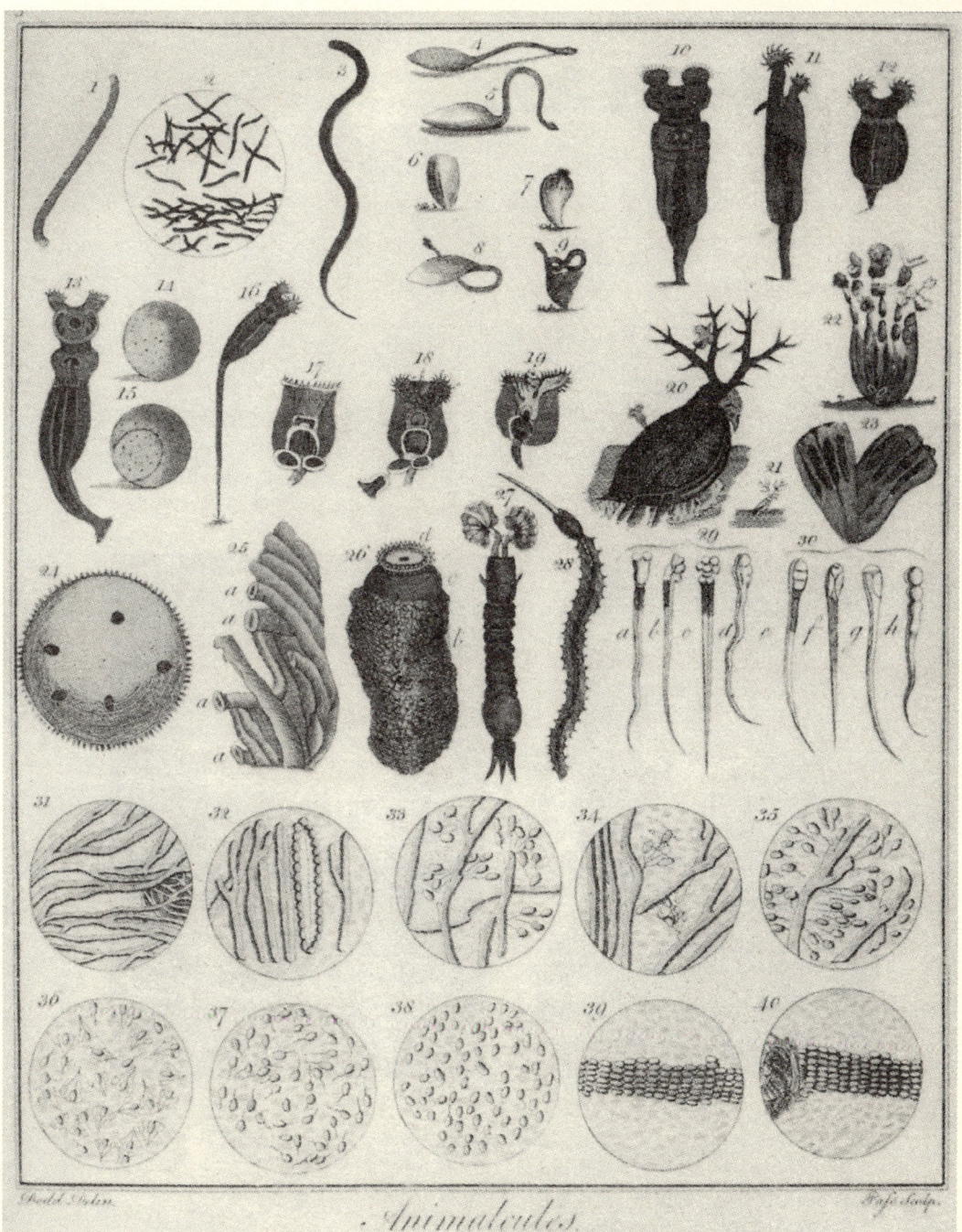

列文虎克描绘的微生物

10. 点燃理性之光

以物理学为核心的第一次科学革命也是一场思想革命和观念革命。人们认识到支配宇宙间万物的不是上帝，而是其本身的自然规律；人们的思维方式也随之发生了改变，不再盲从于上帝及其代言人的主张，而要用自己的眼睛去观察、用自己的头脑去思考，由此形成了科学的宇宙观。

第一次科学革命中所诞生的一系列科学成就和科学思想，推动了社会的进步与思想解放。

英国天文学家哈雷（1656—1742），他运用牛顿的万有引力公式计算出，出现在1531、1607和1682年的3颗彗星可能是同一个彗星的三次回归，并预言它将与1758年重现。由于预言得到证实，后世便将此彗星命名为哈雷彗星

英国天文学家赫歇尔（1738—1822），原是一名在乐队中演奏小提琴和双簧管的乐手，但他用大量业余时间研究数学、光学和天文学，并发现了天王星

一　冲破黑暗的第一次科学革命

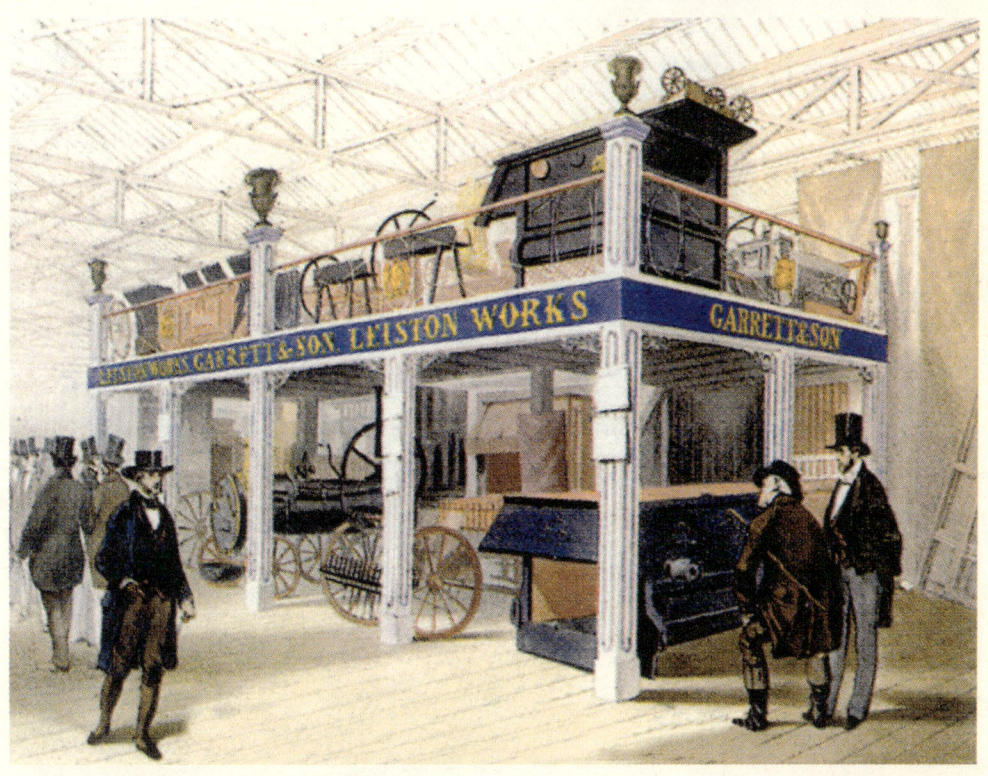

第一次工业革命使英国迅速成为当时世界最发达的国家。1851年举办的伦敦万国博览会上，英国的工业产品压倒了所有国家。图为博览会上英国展台之一

英国是近代科学的主要策源地。第一次科学革命使英国成为当时世界的科学中心，涌现出了众多优秀的科学家，如胡克、哈雷、赫歇尔等，并成为当时科技创新能力最强的国家。这为后来的第一次产业革命中，英国诞生大量技术创新成果奠定了社会文化和科技人才基础，由此推动了英国工业和经济的发展，使其成为当时世界头号强国。

第一次科学革命中所诞生的日心说和经典力学理论，成为此后欧洲思想启蒙运动反对封建专制的有力思想武器。

18世纪，著名思想家和哲学家伏尔泰、康德等人将牛顿力学理论、洛克等人的经验主义以及笛卡儿等人的理性主义等进步思想引入法国，并使"自由"、"平等"、"博爱"等理念深入人心，引发了发源于法国并波及整个欧洲的思想启蒙运动。

物理之光
WU LI ZHI GUANG

启蒙运动中崇尚理性、反对盲从权威、重视实验的哲学思想迅速传播和发展，成为近代科学精神的主要特征。至此，科学越来越为整个社会所了解，越来越成为一种推动历史的社会力量。

启蒙运动也为法国资产阶级大革命进行了思想动员。大革命中诞生的民主政权认识到科学的进步意义，为法国科学发展开辟了道路，并且培养了大批优秀的科学人才，从而使法国继英国之后也成为欧洲的科学强国。

法国著名启蒙思想家、哲学家和作家伏尔泰（1694—1778）雕像。伏尔泰被尊为"法兰西思想之父"，曾在法国大力宣传牛顿的科学成就和宇宙观

因受到法国启蒙思想的影响，人们渐渐对自然世界有了兴趣。图为某个家族对太阳系模型着了迷

1789年7月14日，巴黎市民攻占了象征封建统治的巴士底狱，法国资产阶级大革命爆发了

名人名言

不经巨大的困难，不会有伟大的事业。
——伏尔泰

二 助燃产业革命的火与电

1. 蒸汽机的呼唤

利用热能的技术始终是人类文明进步的关键因素之一。远古人类就已认识到了热现象，但真正对热本质的探索始于近代。18世纪提出的"热质说"（也称"热素说"），认为热是一种特殊的物质——热质的流动。到了19世纪，人们才认识到神秘的热质是子虚乌有的。对热本质真正进行科学研究始于对蒸汽机效率的研究。

英国工程师纽可门（1663—1729）

蒸汽用来作为动力古已有之。直到1690年法国工程师巴本发明第一台单缸活塞蒸汽机，才使蒸汽动力技术实用化迈出了一大步。1698年，英国工程师弗塞里发明第一台真正投入实用的蒸汽泵，但热效率太低。1705年，英国工程师纽可门改进了蒸汽泵，但只能用于矿山排水。随着工业生产对动力机需求的空前增长，纽可门蒸汽机已不能满足新的需要。

纽可门制造的蒸汽机

物理之光
WU LI ZHI GUANG

18世纪的机器制造工厂

英国工程师、发明家瓦特（1736—1819）

1769年，英国工程师瓦特改进了纽可门蒸汽机，提高了热效率。1781年，他改变了蒸汽机只能直线做功的状态，发明了旋转式蒸汽机。1782年，他进一步设计出

名人名言

我用我的蒸汽机给世界带来了步入科学之门的航船。

——瓦特

瓦特1781年发明的旋转式蒸汽机

32

二 助燃产业革命的火与电

了双向汽缸，使热效率又增加了一倍。经过进一步改进后的瓦特蒸汽机，成为效率显著、可用于一切动力机械的通用"原动机"，从而使蒸汽机普及到各个行业，并进而改变了整个世界。

蒸汽机与工厂制一起掀起了发端于英国的第一次工业革命（即产业革命），这实际上是一场动力革命。古老的人力、畜力和水力被蒸汽动力所代替，从而使大规模的工厂生产代替个体手工生产不仅成为可能而且成为必要，劳动生产率大幅度提高，工业发展突飞猛进，人类的生活方式也发生了巨大变化。从此，人类进入了工业文明时代。

瓦特的工作室（1790年）

物理之光
WU LI ZHI GUANG

美国发明家富尔顿

蒸汽机的运用，使运输机械发生了重大变革。

第一个将蒸汽动力用于船运的是美国工程师菲奇。1788年，他把双向式蒸汽机装在帆船上，造出了四艘第一代汽船。1807年，美国另一位工程师富尔顿以瓦特蒸汽机作为动力，用明轮桨推动，成功地造出了一艘汽船，命名为"克莱蒙特号"，速度比一般的帆船还快。汽船的发明开创了航运史上的新时代。

蒸汽动力用于陆路运输的主要标志是火车的出现。1769年，法国工程师居纽造出了第一辆用蒸汽机推动的三轮汽车。1787年，英国工程师默多克也发明了一辆用蒸汽机驱动的无轨火车。1802年，英国人特利维西克造出了第一辆真正意义上的蒸汽机车。但由于当时的火车性能差、牵引力小、速度慢、经常发生故障，还没有完全被世人所接受。

1823年，英国人史蒂芬森主持修建斯多克顿至达林顿之间的第一条商用铁路，实现了火车的实用化。1825年，他亲自驾驶自己设计制造的"旅行号"机车，在新铺好的铁路上试车，取得了空前的成功。1830年，他修建的第二条铁路即利物浦至曼彻斯特大铁路贯通。在这次的机车竞标中，他驾驶的"火箭号"蒸汽机车使用的完全是蒸汽动力，并且在速度、牵引力和可靠性等方面都战胜了所有的竞争者。

史蒂芬森的火车的鸣叫，报晓着一个"铁路时代"的到来，使世界真正认

富尔顿制成的"克莱蒙特号"蒸汽汽船，速度比一般的帆船还快

34

二　助燃产业革命的火与电

1808年，特利维西克在伦敦公开表演的火车头

英国工程师史蒂芬森（1781—1848）

1825年，由史蒂芬森发明的蒸汽机车"旅行号"拉动38节车厢所搭载的约600名乘客和货物在铁道上行驶。据说当时曾出现群众追逐列车奔跑，或驾马车追逐的景象

识到铁路运输的巨大优越性。

继英国之后，美国于1828年修建了第一条铁路。法国于1830年，德国于1835年均推出了自己的铁路。铁路使世界经济联成一体，隆隆的火车声宣告了第一次工业技术革命的胜利完成。

1830年，史蒂芬森设计的"火箭号"蒸汽机车

2. 为蒸汽机工作原理作出科学定义

法国工程师卡诺（1796—1832）

19世纪初，蒸汽机已在生产中发挥着越来越大的作用。但是，由于缺乏科学的理论指导，蒸汽机不能得到合理的设计，热效率很低，瓦特等工程师和发明家们主要是凭经验摸索并改进机器。然而，工业和社会对动力的需求日益强烈，迫切需要用基础科学理论指导技术的进一步创新。第一次从理论上说明热机运行过程、阐述热力学原理的是法国工程师卡诺。

1824年，卡诺提出了理想热机理论，奠定了热力学的理论基础。他提出：热机做功的必要条件是它必须工作在"热源"和"冷源"之间；一部热机所能产生的机械功的大小，在原则上取决于热源与冷源的温度差，而与热机的工作物质无关。这就是以后所谓的"卡诺原理"。由于信奉热质守恒原理，卡诺错误地认为热机做功过程中热量并没有损失。

> **名人名言**
>
> 社会一旦有技术上的需要，则这种需要就会比十所大学更能把科学推向前进。
>
> ——恩格斯

温度计是进行热学研究的基础工具。图为17世纪意大利西芒托学院制造的一种温度计

二　助燃产业革命的火与电

改良的蒸汽机问世后的表现激发了不少人的想象力。在这张18世纪的漫画上，人们尽情地对蒸汽机的前景作了一个细致的描述

德国物理学家克劳修斯（1822—1888年）1854年发表了《论热的机械理论的第二原理的另一形式》，给出了热力学第二定律的数学表达式

卡诺的工作最先引起英国物理学家汤姆森（后受册封称开尔文勋爵）的注意，他指出卡诺关于热机做功并不消耗热的看法是错误的，卡诺理论应该予以修改。1851年，他系统阐述了修改后的热力学理论，第一次提出了热力学第一定律（即能量守恒定律）和第二定律（即能量耗散定律）的概念，其中的第二定律是：从单一热源吸取热量使之完全变为有用的功而不产生其他影响是不可能的。

与此同时，德国物理学家克劳修斯于1850年对卡诺的热力学热

18世纪蒸汽机的应用

机理论进行了新的修正和发展，提出了著名的克劳修斯等式。之后，他引入了另一种表达形式的热力学第二定律：热量不可能自动地从较冷的物体转移到较热的物体，为了实现这一过程就必须消耗功。1854年，他又给出了热力学第二定律的数学表达式。

科学小辞典：克劳修斯等式

热机从高温热源吸取的热量与该热源温度之比，等于向低温热源所放热量与该热源温度之比。由该等式可以直接推出，理想热机的热效率与两热源之温差成正比。

3. 为天地间各种能量制定法则

一直到1830年，卡诺才放弃了热质说，并且得出了能量守恒原理。但遗憾的是，他于1832年死于霍乱，其研究见解还未来得及整理发表。

1842年，德国医生迈尔以比较抽象的推理方法提出了能量守恒与转化的原理。他还设计了一个简单的实验，粗略地求出了热功相互转化的当量关系。

英国物理学家焦耳与迈尔几乎同时提出能量守恒原理。1840年，焦耳测量电流通过

德国医生迈尔（1814—1878）

1847年焦耳设计的测量热功当量的装置

物理之光
WU LI ZHI GUANG

英国物理学家焦耳（1818—1889）

将上面的把手旋转，使左右的秤砣上升，测量其高度后再让秤砣落下，容器内叶轮搅动水面使水温上升，然后计算高度与温度变化的关系

电阻线所放出的热量，得出了焦耳定律，给出了电能向热能转化的定量关系，为发现普遍的能量守恒定律打下了基础。1843年，他设计了机械做功转变为电能进而转变为热能的实验，并进一步测定了机械功的量，从而第一次给出了热功当量的数值。1847年，他设计了在一个绝热容器中用叶轮搅动水的方法，更精确地测定了热功当量。

1847年，德国物理学家亥姆霍兹系统严密地阐述了能量守恒定律。由于它主要借助热功当量的测定而确立，所以也被称为热力学第一定律。接着，他把能量的概念推广到热学、电磁学、天文学和生理学领域，提出能量的各种形式相互转化和守恒的思想。

热力学第一定律和第二定律的发现，是19世纪物理科学最伟大的成就之一。第一定律揭示了力、热、光、电、磁、化学等各种运动形式之间的统一性，表明了物质世界的普

> **科学小辞典：焦耳定律**
>
> 电流通过导体产生的热量，与电流强度的平方、导体的电阻和通电时间成正比。

> **科学小辞典：热力学第一定律**
>
> 热力学第一定律（能量守恒与转化定律）：自然界一切物质都具有能量，能量有各种不同的形式，能够从一种形式转换为另一种形式，从一个物体传递给另一个物体，在转换和传递的过程中，各种形式能量的总量保持不变。

遍联系，是自然科学内在统一性的第一个伟大证据。第二定律突出了物理世界的演化性、方向性和不可逆性，揭示了物质世界的普遍法则。

经典热力学的建立，是继牛顿力学之后的第二次物理学大综合，为经典物理学大厦奠定了第二块基石。

焦耳发现热功当量的装置

德国物理学家亥姆霍兹（1821—1894）

4. 打开奇妙的电、磁世界

电和磁是2 000多年前就已发现了的自然现象，但人们却一直无法解释其中的奥秘。

在欧洲，第一个对磁进行系统研究的是16世纪时的英国医生吉尔伯特，被后人誉为"磁学之父"。吉尔伯特通过实验提出一个假设：地球是一个巨大的磁石，它的两极位于地理北极和地理南极附近。

吉尔伯特对电现象也进行了研究。他从琥珀经摩擦后会吸引轻小

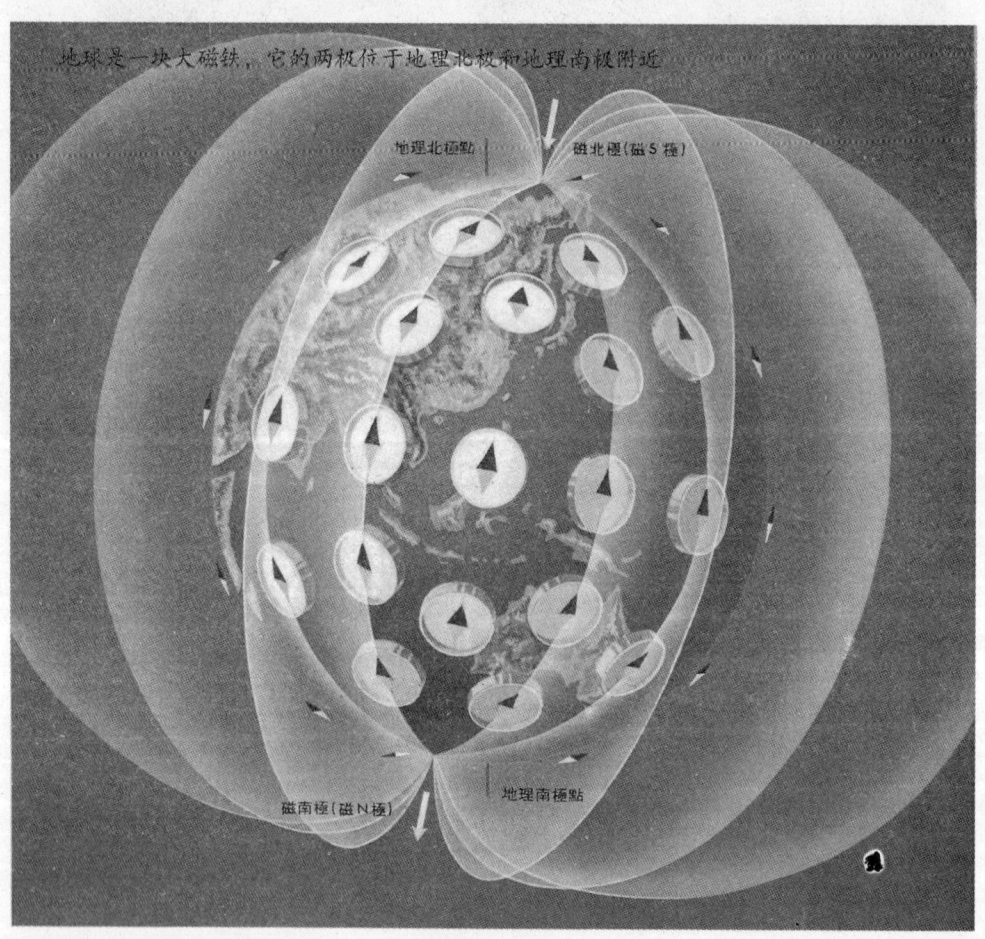

二　助燃产业革命的火与电

18世纪时，人们热衷于做摩擦起电实验

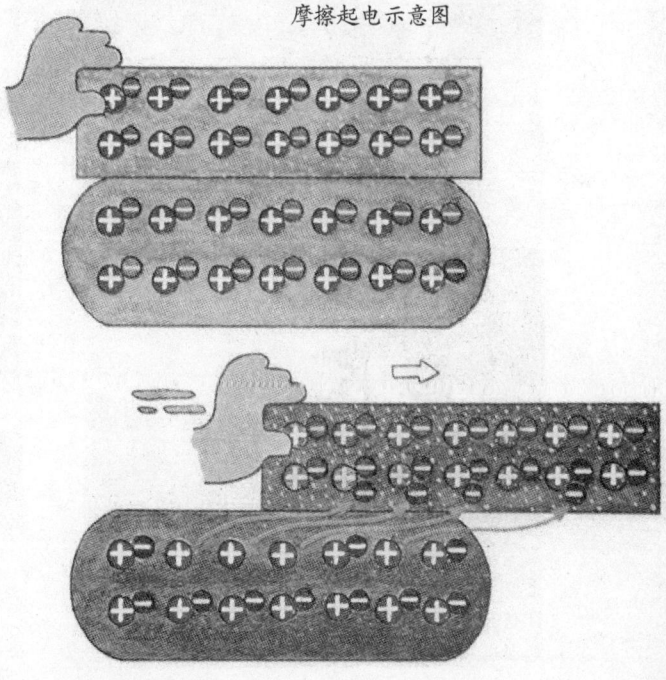

摩擦起电示意图

物体的现象中得到启发，做了一系列摩擦起电实验，把像琥珀这样经摩擦后能吸引轻小物体的物质称为"带电体"，并区分了磁现象和电现象。但是，他强调电和磁在本质上截然不同，两者无关。这错误论断深刻地影响了电磁学的发展，致使很长时间内，人们对电和磁的研究几乎是在彼此隔绝的状态下进行的。

物理之光
WU LI ZHI GUANG

摩擦起电机为研究静电的实验提供电荷,但起电机一停,所产生的电荷就会在空气中消失。这时人们就想:能否找到一种保存电的方法呢?1745年,荷兰莱顿大学物理学教授马森布罗克做了一个试图使水带电的实验,却偶然发现把带电体电放在玻璃瓶内可以使电保存下来。这样,人类第一个储电装置——莱顿瓶就诞生了。

之后,美国著名的政治家、科学家富兰克林的研究使人类对电的认识大大前进了一步。1752年富兰克林做了那个震动世界的风筝实验,捕捉到了天电,证明了天电与地电是一样的,破除

美国著名的政治家、科学家富兰克林(1706—1790)

描绘富兰克林风筝实验的版画。在风筝顶上安一根尖细的铁丝用来捉天电,并用绳子与铁丝相连通向地面,绳末端拴一把铜钥匙,钥匙插进一个莱顿瓶中

到1784年,避雷针在全欧洲流行,人们在雨伞和帽子上也装上了拖地的金属线

二　助燃产业革命的火与电

了人们对雷电的迷信。为了避免雷电对人的损伤，他又发明了避雷针。在实际工作中，他还首创了正电、负电、导电体、充电、放电等概念，至今仍在现代电学中沿用。

自莱顿瓶出现以来，关于静电现象的定性研究取得了十分突出的成就。人们已经认识到电荷分正电和负电，同性相斥，异性相吸。到18世纪中叶，不少人开始定量地研究电荷力。

1777年，英国物理学家卡文迪什提出了电荷作用的平方反比定律：电的吸引力和排斥力反比于电荷间距离的平方。他还提出了静电电容、电容率、电势等概念。

1785年，法国物理学家库仑用独自发明的扭秤测定带电小球之间的作用力，发现了著名的"库仑定律"。库仑定律与牛顿万有引力定律形式上十分相似，是电学的第一个定量定律。它的发现使人们对物理世界的普遍规律有了进一步的认识，为电磁学的大发展开辟了道路。为纪念库仑的贡献，后人把电量单位命名为"库仑"。

法国物理学家库仑（1736—1806）

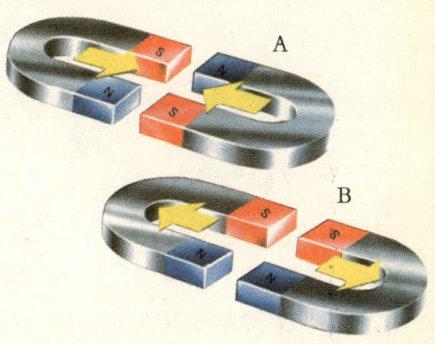

库仑定律示意图。马鞍型磁铁放在一起，异极相吸引（A），同极相排斥（B）。磁力的吸引力或排斥力的大小，与两磁体磁荷量的乘积成正比，与它们之间距离的平方成反比

名人名言

不要为令人不快的区区琐事而心烦意乱，悲观失望。
——富兰克林

科学小辞典：库仑定律

库仑定律：电的引力或斥力与两个小球上的电荷之积成正比，而与两小球球心之间的距离的平方成反比。

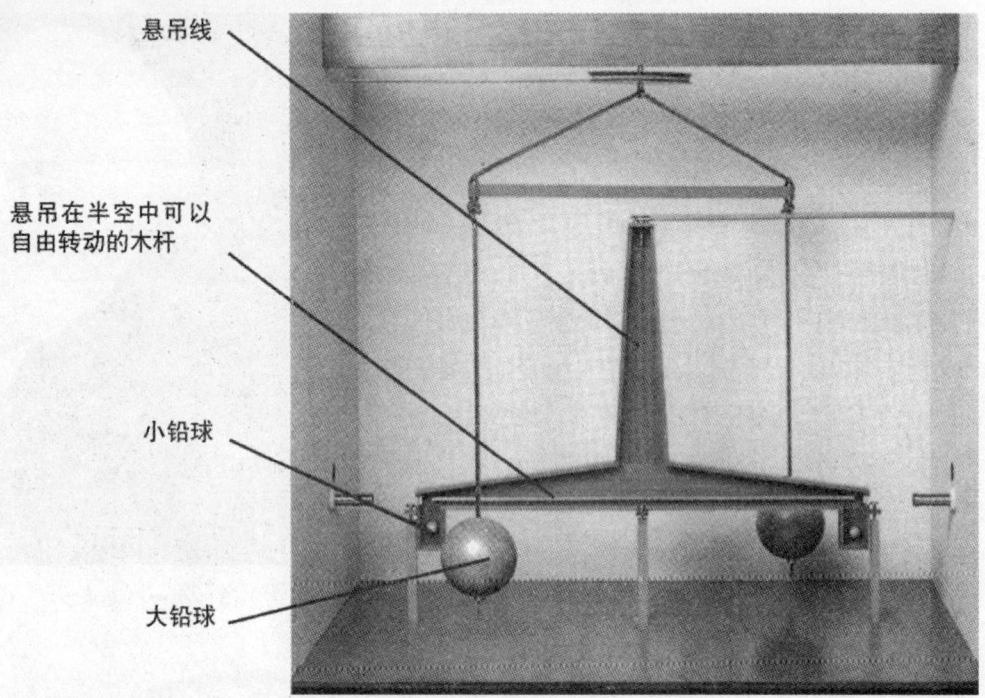

在实验物理学史上,英国著名物理学家卡文迪什(1731—1810)最重要的工作也许是用扭秤在实验室中测定了万有引力常数G。他测定了木杆的扭转与其所受力的定量关系后,将两个大铅球分别靠近两个小铅球,从扭转程度可以先算出两对球之间的万有引力,再运用万有引力定律反算出万有引力常数G

到18世纪末,人们惟一能感受到的还是静电荷——那种在布匹上摩擦琥珀时生成的电。尽管这种电也能被保存在莱顿瓶中,但它释放速度非常快,使研究工作受到了很大的限制。

1780年,意大利生理学家伽伐尼在解剖青蛙时偶然发现了一个新现象:用解剖刀碰到蛙腿上外露的神经时,蛙腿剧烈地痉挛,同时出现电火花。之后,他认真地做了一系列实验,都得到同样的结果。那么电来自何处呢?作为解剖学家,伽伐尼可能更相信放电来自有机体内部,因此,他提出,动物体内部存在着"动物电",这种电只有用一种以上不同的金属与之接触时才能激发出来。今天我们知道,伽伐尼的看法是错误的。然而,正是他的工作极大地促进了人们对该问题的深入研究。

二　助燃产业革命的火与电

这幅绘于1792年的版画，描绘了伽伐尼（1737—1798）实验的情景，在这个实验中他发现了"动物电"

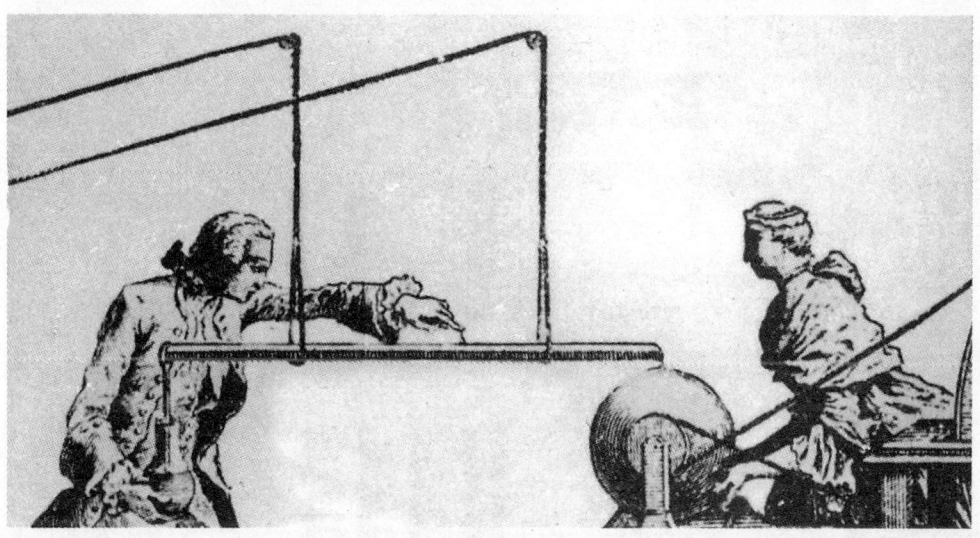

荷兰物理学家马森布罗克发现莱顿瓶的实验。将一根铁棒用两根丝线悬挂在空中，起电机与铁棒相连，用一根铜线从铁棒引出，浸在一个盛有水的玻璃瓶中，然后摇动起电机，发现玻璃瓶可以将电保存下来

理之光
WU LI ZHI GUANG

意大利物理学家伏打（1745—1829）在进行人工生电实验

伽伐尼的发现特别引起了意大利物理学家伏打的注意。伏打对类似现象进行了大量实验。1792年，他从实验上证明了，伽伐尼电本质上是因为两种金属与湿的动物体相连造成的，蛙腿只起验电器的作用。

伏打用各种金属做实验，结果得出了著名的伏打序列：锌、锡、铅、铜、银、金……。他发现，只要将这个序列里前面的金属与后面的金属相接触，前者就带正电，后者带负电；在序列中的距离越远，带电越多。1800年，伏打制成了著名的伏打电堆。为了纪念伏打的贡献，后人以他的名字命名了电源的电动势和电路中电势差的单位，即"伏特"。

伏打电堆的出现，使人们第一次有可能获得稳定而持续的电流，使人们的认识从静电进入到流电，从而开辟了物理学的一个崭新研究领域。

世界上第一块电池——伏打电堆。由数十个银与锌的圆板相互叠加而成，用在盐水中浸过的硬纸板把它们分隔开来

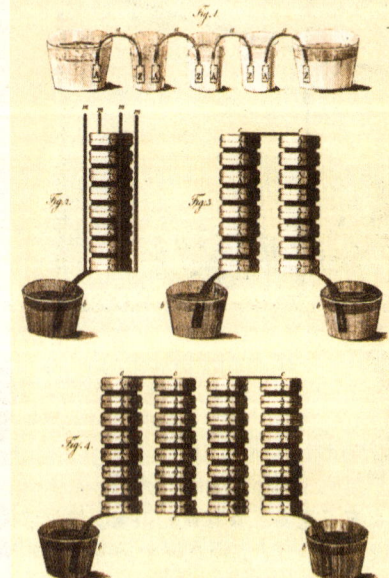

伏打的人工生电实验。伏打首先发现：在某些金属（如锌和铜或锌和银）之间以盐水相连接，就会产生微弱的电流；如将锌、铜（或银）、盐水杯串联连接，微弱的电流不仅得到加强而且稳定；用盐水浸湿的硬纸板取代锌、铜板之间的盐水杯，并将他们成打地叠加至30～40对，就可以得到放电达几小时的持续电流

5. 电、磁是一家

18世纪行将结束之际，人们仍然相信电与磁没有什么关系。1820年，丹麦物理学奥斯特偶然把一枚磁针与一根导线平行地放着，然后接通电源，磁针转到与导线垂直的方向，终于发现了电流的磁效应。

法国物理学家安培敏锐地意识到这一发现的重要性，第二天即重复了奥斯特的实验。之后，在极短的时间里他将这一发现推广到电流与电流之间的相互作用，并接连发现了作用的方向和大小，得出了著名的安培定则和安培定律。

丹麦物理学家奥斯特（1777—1851）

奥斯特和安培的研究工作，揭示了电现象和磁现象之间的联系，也使测量"电流"的大小成为可能，从而使电磁学真正走上了定量实验的发展道路时期。为了纪念这两位科学家的贡献，人们把磁场强度的单位以"奥斯特"命名，把电流强度的单位以"安培"命名。

奥斯特发现电流的磁效应

物理之光
WU LI ZHI GUANG

法国物理学家安培（1775—1836）的自画像

> **科学小辞典：安培定律**
>
> 安培定律：两电流元之间的作用力与距离平方成反比。

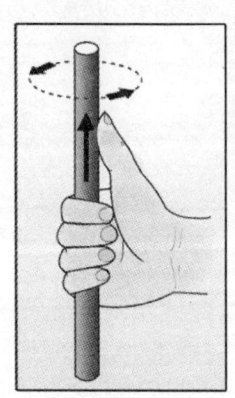

直线电流

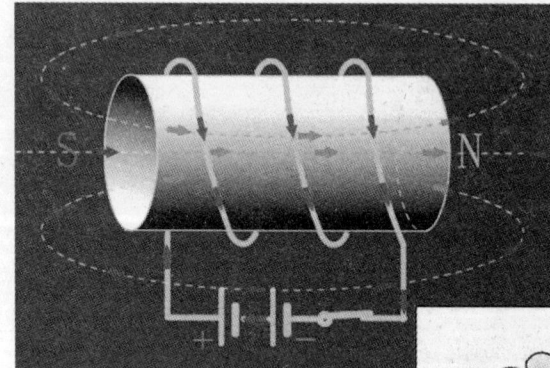

通电螺线管

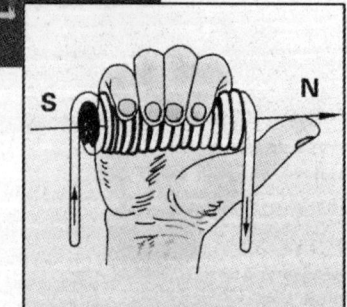

安培右手定则示意图

直线电流：右手握住导线，伸直的大拇指所指的方向与电流的方向一致，弯曲的四指所指的方向就是磁力线的环绕方向。

通电螺线管：右手握住螺线管，弯曲的四指所指的方向与电流的方向一致，大拇指所指的方向就是通电螺线管的北极。

二 助燃产业革命的火与电

6. 磁 生 电

既然电流有磁效应，科学家自然想到磁可能也会有电流效应。最后实现这一猜想的是19世纪最伟大的实验科学家——法拉第。

1831年，法拉第在一个圆软铁环两边绕上A、B两组线圈，在A组线圈同伏打电池接通或切断的瞬间，B组线圈中产生出电流，终于发现了磁确实可以产生电。之后，他进一步发现仅仅用一根永磁棒插入或拔出线圈，线圈中就会产生电流，法拉第称之为"磁电感应"。法拉第用实验证明了感生电流的存在，它意味着通过连续运动的磁体可以不间断地得到电流。

英国物理学家法拉第（1791—1867）

1834年，法拉第又发现了自感现象。单独一个线圈在接通或断开电流的一瞬间总会产生一个很强的"额外"电流；并且在断电时与原电流方向相同，试图加强它，在通电时与通电电流方向相反，试图反抗它。

法拉第的电磁感应装置

名人名言

一旦科学插上幻想的翅膀，它就能赢得胜利。

——法拉第

物理之光
WU LI ZHI GUANG

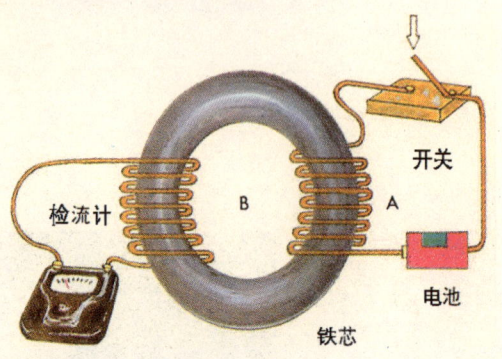

法拉第磁电感应实验示意图之一，在A组线圈同电池接通或切断的瞬间，B组线圈中产生出电流。

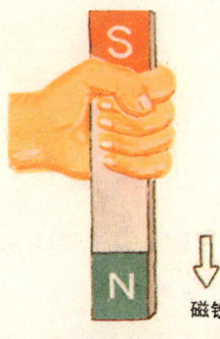

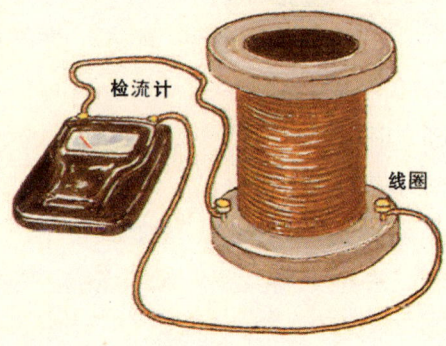

法拉第电磁感应实验示意图之二。用一根磁棒插入或拔出线圈，线圈中就会产生电流。

在法拉第之前，人们已经知道了许多物理作用力不是通过直接接触实现的，如万有引力、静电力、磁极之间以及电流之间的作用力等。牛顿以及后来的科学家们相信引力既不需要媒介传播，也不需要时间，是一种超距作用。但法拉第不同意这种超距作用观，他认为电磁作用力均需要媒介传递，并且天才地创造了"场"和"力线"的概念。1851年，他发表论文正式将电磁感应现象确定为一条定律。

法拉第还预言了电磁波的存在：电磁作用可以以波的形式传播。1845年，他发现了磁的旋光效应即著名的法拉第效应。次年，他又提出光的本性是电力线和磁力线的振动。这一看法后来被麦克斯韦发展成为光的电磁说。

科学小辞典：场、力线和电磁感应定律

带电体或磁体周围有一种由电磁本身产生的连续的介质来传递电磁相互作用。这种看不见、摸不着的介质，被称作"场"。电力线或磁力线由带电体或磁体发出，散布于空间之中，作用于其中的每一电磁体。

电磁感应定律：只要导线垂直地切割磁力线，导线中就有电流产生，电流的大小与所切割的磁力线数成正比。

二 助燃产业革命的火与电

法拉第的实验器材

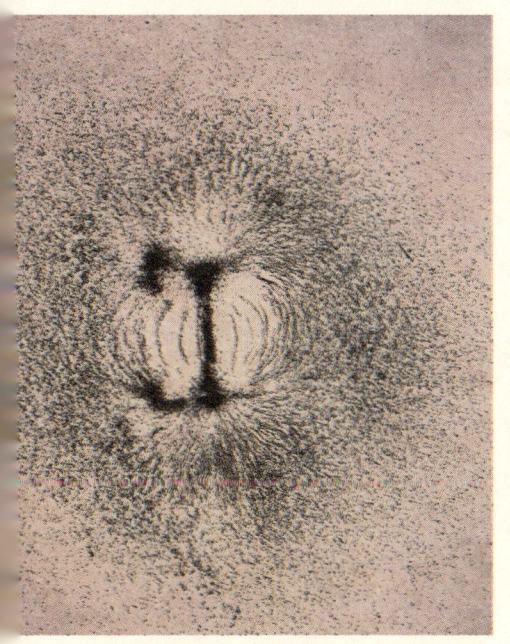

将铁屑撒在一张纸上，纸下放一块磁铁，轻轻弹动纸，纸上的铁屑就会排成一个规则的图形，显示出磁场磁力线的分布

描绘法拉第在皇家研究院实验室工作的一幅绘画（1840年）

7. 电磁理论之集大成

英国物理学家麦克斯韦
（1831—1879）

法拉第的创造性工作奠定了电磁学的物理概念基础，但他却没能用精确的数学语言表述其物理思想。

1855年，英国物理学家麦克斯韦发表论文，用严格的数学方式说明了法拉第的力线，从而初步建立了电与磁之间的数学关系。之后，他又给出了电磁场理论更完整的数学表述。

电磁场中广泛存在的电场与磁场的交相变化，使麦克斯韦认识到这是一种新的波动过程。1864年，他撰文发表了今天被称为麦克斯韦方程的电磁场方程，而且提出了电磁波的概念。他认为，变化的电场必激发磁场，变化的磁场又激发电场，这种变化着的电场和磁场共同构成了统一的电磁场。电磁场以横波的形式在空间传播，形成所谓的电磁波。他推算出了电磁波的传播速度，发现与光波十分接近，然后明确提出了光的电磁理论。

1873年，麦克斯韦出版《电磁通论》一书，全面总结了19世纪以来的电磁学成就，建立了完整的电磁理论体系。这是一部集电磁理论之大成的经典著作，是

麦克斯韦设计的电流惯性检出装置

可以同牛顿的《自然哲学的数学原理》相媲美的里程碑式的著作。

麦克斯韦是电磁学的集大成者，正如牛顿在伽利略等人工作的基础上创立经典力学体系一样，麦克斯韦总结了库仑、安培、法拉第等人的科学成果，建立了完整的电磁理论体系，是物理学的第三次大综合。

1887年，麦克斯韦逝世后8年，他预言的电磁波被德国物理学家赫兹用实验所证实。次年，赫兹又发表论文证明了电磁波具有与光完全类似的特性，还证明了电磁波的传播速度与光速有相同的量级。赫兹的实验发现为人类利用无线电波开辟了道路。

麦克斯韦亲自创办了著名的卡文迪什实验室，从这里走出了许多物理学界的诺贝尔奖得主

德国物理学家赫兹（1857—1894）与发现电磁波的实验装置

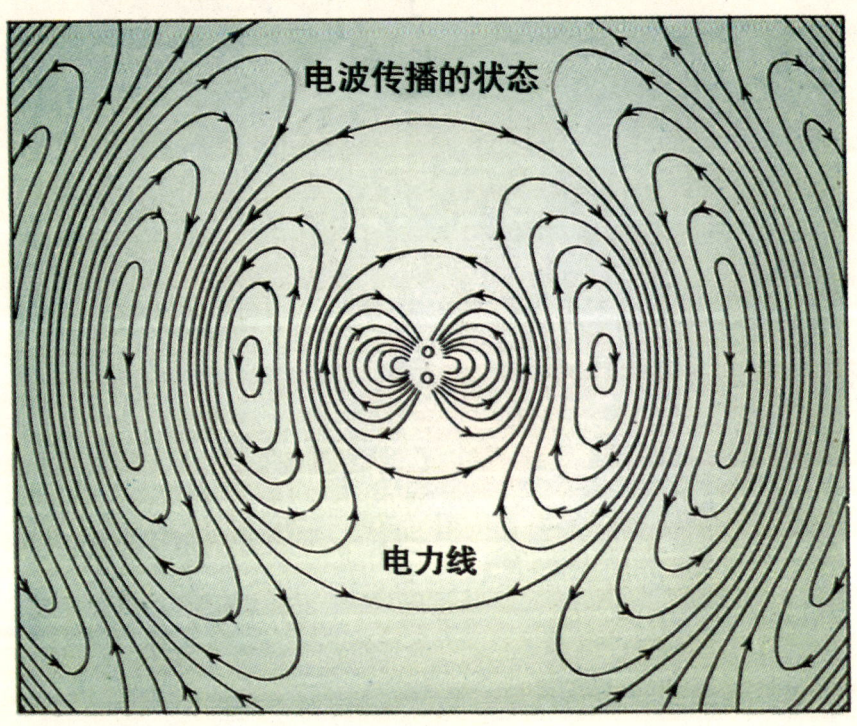

电磁波传播的状态

8. 开启电气时代

在电磁学理论的指导下，工程技术专家纷纷投身于电力开发、传输、利用方面的研究和各种电器的发明，掀起了第二次工业革命（即电力革命），电能开始作为一种主要的能量形式支配着社会经济生活。

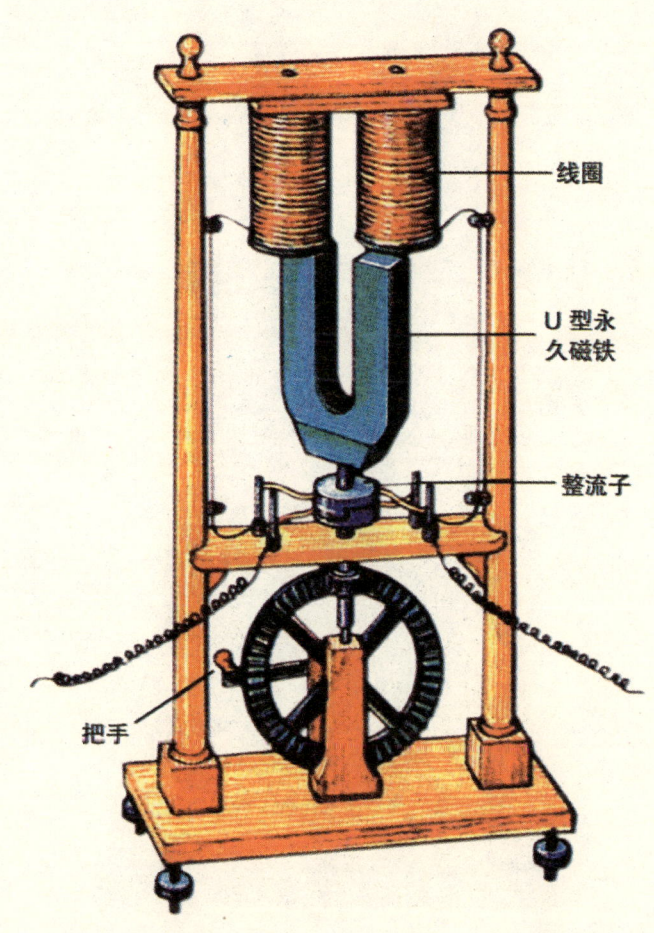

最早的手摇发电机。先用手摇动U型磁铁，线圈受到感应产生交流电，再由整流子调为直流电

1832年，法国发明家皮克希成功地制造了一台手摇发电机，但输出电流极为微弱。1857年，英国电学家惠斯通用电磁铁作为转子，发明了自激式发电机。1867年，德国工程师西门子制造了第一台自反馈式的发电机，使发电量大大提高。此后，电能开始以大量、廉价而赢得青睐。

爱迪生研制的发电机，1886年装在苏格兰一家纺织厂，一直用了27年

1882年，法国物理学家德波里建成了世界上第一条远距离直流输电线路。1891年，德奥地区建成了世界上第一个三相交流输电系统，有效地解决了远距离输电问题。到了20世纪，电能已经充分渗透到工业生产和社会生活的方方面面。

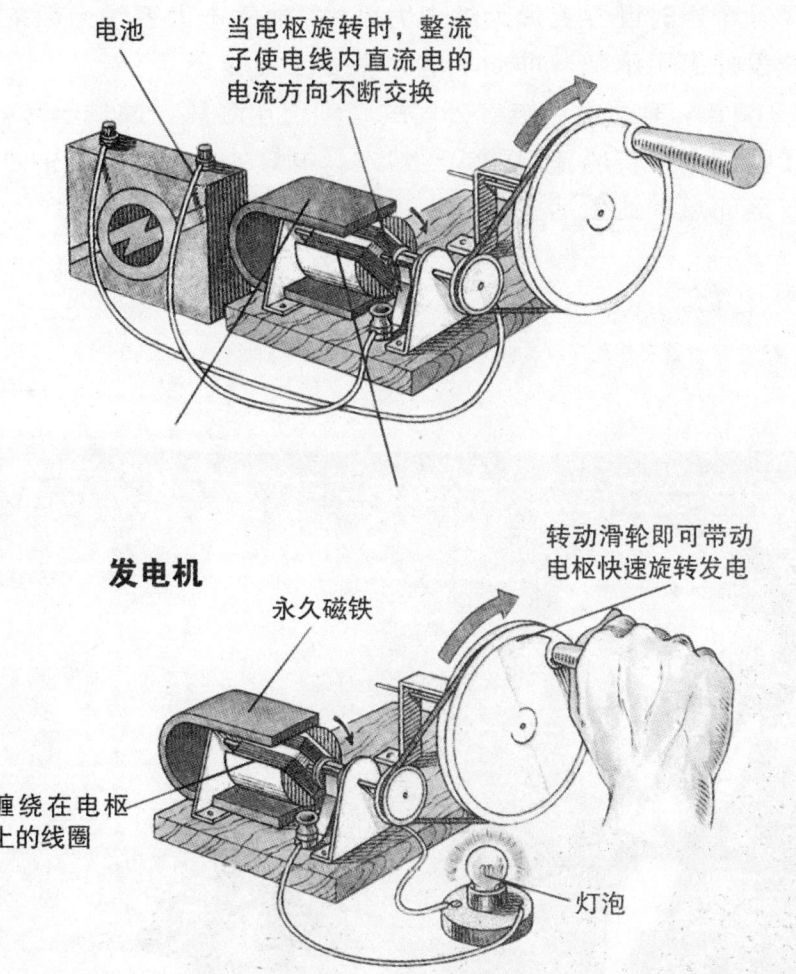

电动机和发电机。电动机俗称"马达"，能够将电能转换成机械能。当电动机接上电池后，通电电线产生的磁场会和永久磁铁的磁力互斥，使电枢旋转而带动把手转动。如果将电池换成灯泡，并且旋转把手带动电枢转动，缠绕在电枢上的线圈切过磁场时，会产生感生电流使灯泡发亮，那么这台机器就变成了发电机

物理之光
WU LI ZHI GUANG

电首先向人类奉献的是光明。1809年，英国化学家戴维发明了以伏打电池组为电源的弧光灯。这是人类最早利用电照明的尝试。

1879年，美国发明家爱迪生发明白炽灯。在试验了1 600多种耐热材料和6 000种植物纤维后，他发现日本生产的一种竹子碳化后最适合做灯丝，其寿命可以长达1 200小时。他马上大批量生产这种灯泡，并且为此专门开直流电站、架设电网。到1882年，他已经在纽约建成了一个当时世界上最大的电力系统。他的电力系统为后来各国的电力建设提供了示范，推动了电力事业的发展。

1910年，美国通用电气公司的库利奇用耐热金属钨丝替代碳丝，制成了我们今天普遍使用的钨丝灯泡。电灯的出现，使人们"日出而作，日落而息"的生活方式成为过去。

名人名言

天才不过是百分之一的灵感，再加上百分之九十九的汗水。

——爱迪生

美国大发明家爱迪生（1847—1931）与白炽灯泡

二　助燃产业革命的火与电

1882年，爱迪生在美国纽约珍珠街建立拥有6台发电机的发电厂

世界上最早的钨丝白炽灯广告

物理之光
WU LI ZHI GUANG

最早将电信号用作信息传播手段的是电报。1835年，美国画家和发明家莫尔斯发明了第一台电报机和莫尔斯电码。

1844年，莫尔斯鼓动美国国会在华盛顿和巴尔的摩之间架设了世界上第一条有线电报线路。之后，美国以及其他各国掀起了建设电报线路的高潮。随着社会经济的发展，国际电报事业也提上了日程。1847年，英国和法国在英吉利海峡铺设了第一条海底电缆，沟通了两国的电报通讯。电报的出现宣告了"瞬间通讯"时代的到来。

莫尔斯已经预见到地球村的出现。他说："不久大地将遍布通讯神经，它们将以思考的速度把这块土地上的消息四处传播，从而使各地都成为毗邻"。确实，现在通讯网已经成为现代社会的神经网络，如同交通成为社会的大动脉一样。

美国发明家莫尔斯（1791—1872）

1844年，在华盛顿到巴尔的摩的电报线路开通仪式上，莫尔斯用图中的电报机拍发的第一份电文是"上帝创造了何等的奇迹？"

二 助燃产业革命的火与电

德国电报总局在20世纪20~30年代时的工作情景

1878年，美国发明家贝尔（1847—1922）参加纽约至芝加哥之间世界上首条长途电话线路的通话典礼

物理之光
WU LI ZHI GUANG

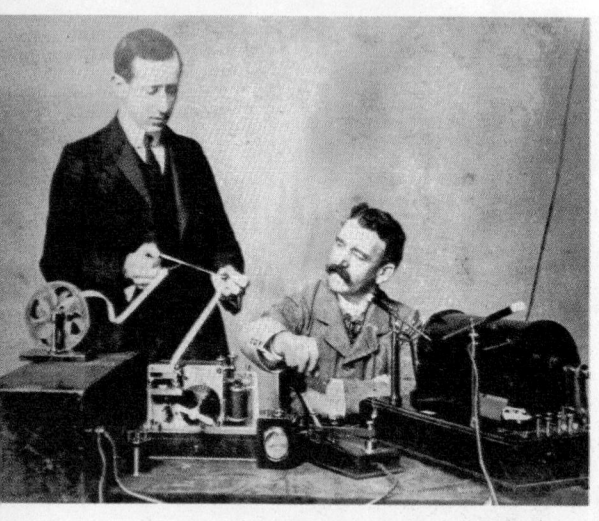

意大利工程师马可尼（1874—1937）（左）正在研制的装置实现了世界上首次跨越大西洋的无线电通信

1876年，美国发明家贝尔成功地造出了第一部电话。1881年，贝尔建立了自己的电话公司，致力于开发和推广电话事业。早期的电话交换是由人工实现的。随着电话用户的增多，手工电话交换方式已经完全不能胜任了。1889年，美国人阿尔蒙·斯特罗格发明了"自动拨号电话"，实现了自动电话交换。电话的出现使人们之间的交往方式发生了微妙的变化，创造了一种新的人际交往环境和交际情调。

有线电报和电话依赖于固定线路，造价高、机动性差。在1886年德国物理学家赫兹证实了电磁波的存在后，敏感的发明家们就意识到电磁波可以用于无线电通讯。1895年，意大利发明家马可尼和俄罗斯发明家波波夫分别独立地发明了无线电报。1902年，美国物理学家费森登发明了无线电话，但通讯距离不大。

马可尼的第一个无线电报装置，其天线只是一块薄铜片，由几根固定在桌子上的竹竿挂起来

二　助燃产业革命的火与电

9. 从"生产→技术→科学"到"科学→技术→生产"

今天，人们把科学和技术的紧密联系看作是不言而喻的，然而在历史上它们却是独立发展的，直到18世纪两者才结合起来。18世纪的第一次工业革命几乎是在与理论科学无直接关系的条件下发生的，但其中对产业技术原理的探索推动了热力学的诞生，最好地体现了生产→技术→科学的关系模式。

德国工程师戴姆勒（1834—1900）　　　1883年，戴姆勒发明了第一台汽油内燃机

热力学的发展以及经典热力学的建立，为蒸汽机的改进提供了科学的理论指导，并且促进了汽轮机和内燃机的实用化，这又表明出科学→技术→生产的关系模式。1883年，德国工程师戴姆勒发明第一台汽油内燃机。1892年，德国工程师狄塞尔发明柴油内燃机。

科学越来越面向实用技术，并逐步形成科学⟷技术相互加速的循环机制，进而越来越显现出其推动经济社会发展的巨大作用。

1886年，戴姆勒制成世界上第一辆四轮内燃机汽车，这是第一辆现代意义上的汽车

德国工程师狄塞尔（1858—1913）

1897年，狄塞尔研制出世界上第一台柴油内燃机

二　助燃产业革命的火与电

物理学在19世纪已经发展成为一个极为严密的科学体系，经典物理学的大厦已经耸立起来。而且物理学也开始成为社会生活的一个重要组成部分，物理学知识被大大普及，物理学在理论上的伟大创新正转变成为技术科学的无比威力。

1906年，美国物理学家费森登实现了人类的首次无线电广播。图为美国早期的无线电广播时的情景

发生在19世纪的这场以电力应用为标志的第二次技术革命，其影响远比以蒸汽机为标志的第一次技术革命更为深远，其中渗透的科技知识也更为广泛。电力革命是第一次由科学引发的工业革命。电磁学理论是在技术和生产尚未产生明确需求的条件下诞生的，科学走在了技术和生产的前面。这标志着人类开始进入了科学→技术→生产的时代，从此科学技术成为第一生产力。

名人名言

19世纪历史的最显著特点是，将抽象的理论应用于实用技术，让物质世界的内在力量为智慧所控制，成为文明人的驯服工具。
——美国物理学家约瑟夫·亨利1958年在大西洋海底电缆的竣工仪式上的讲话

马可尼公司供应商的一张广告。到1912年，马可尼公司已大批量生产标准的无线电装置，主要是满足船舶的需要，后来开始生产空军用的无线电通讯设备

物理之光 WU LI ZHI GUANG

"我的天哪！它会说话！"这是1876年一位巴西皇帝初见电话时的惊呼。到1949年拍摄这张照片时，"它"已经开始占据十几岁孩子的生活了

二　助燃产业革命的火与电

10. 科学与技术携手改变世界

　　工业革命拓展了技术创新的空间，开辟了人们无法想象的需求。从此，因为有了电灯，世界变亮了；因为有了火车、汽车、轮船，世界变快了；因为有了电报、电话、无线电，世界变小了。但这并不足以显示科学技术给世界带来的变化。

爱迪生一生有1 300多项发明，大多是依靠其创建的研发机构完成的。图为爱迪生正在进行白炽灯实验

德国发明家西门子（1816—1892）

电给人类带来了光明。仅在100多年前，这样灿烂的城市夜景是人们做梦都无法想象的

物理之光
WU LI ZHI GUANG

20世纪初美国杜邦公司在白兰地河畔建立了自己的科研机构。科技创新能力决定了可持续发展能力，今天世界著名的大型工业企业特别是高新技术企业无不拥有自己的科研机构

工业革命还催生出了大量的发明家，如德国的西门子、美国的爱迪生、贝尔等集科学家与企业家于一身的杰出人物，从而又进一步促进了技术的发展。而且，他们已经不满足于小作坊式的生产模式，纷纷开办企业；有的还创建了企业下属的科研机构，改变了以往科研工作多集中于国立科研院所和大学的局面，不仅为科技创新提供了新的资源和动力，而且加速了科技成果向商品的转化。德国和美国也正是由于培养出了这些创新型的人才，才使它们的科学技术后来居上。

人类的每一次科学技术革命都导致了社会、经济的巨大变革，从而改变了人类的物质生活和精神生活，推动了整个人类文明的进步。

在第二次科学技术革命期间，德国和美国科学家在物理学、化学、内燃机、电气等方面的创新成果，带动了两国科学技术整体水平的提高，继英国、法国之后先后成为世界科学技术中心，并进而推动了工业和经济的发展，增强了国家实力。至19世纪后期，德国和美国逐步跻身于世界强国之列。

进入20世纪以来，更多的人认识到，科学技术具有改变人类物质生活、精神生活和政治生活的巨大能量。当今各国政府都把科学技术作为增强综合国力和提高国际竞争力的战略因素加以考虑。

1879年在柏林工业博览会上，西门子驾驶着他发明的世界上第一台电力机车向人们展示

11. 催生先进思想的科技火花

英国生物学家达尔文
（1809—1882）

在18世纪后期至19世纪中期，科学革命的自然之火和思想启蒙运动的理性之光，共同点燃了欧洲大陆的思想革命和社会革命。

能量守恒与转化定律、细胞学说和进化论并列，被恩格斯称为是19世纪的三大发现。这其中，能量守恒与转化定律本身即是物理学的成果；细胞学说是得益于使用显微镜所取得的生物学成果；而进化论则最初是18世纪的物理学家们根据牛顿经典力学揭示的宇宙运动规律所提出一种假说，在19世纪中叶由英国生物学家达尔文根据环球旅行的科学考察结果所证实。这三大发现深刻地揭示了自然界本身的辩证性质,从而为辩证唯物主义世界观的确立准备了自然科学的前提。

19世纪的英国战舰"猎兔"号。1831年，达尔文乘"猎兔"号进行了历时5年多的环球航行。他根据科学考察的结果，发现了生物进化的规律

名人名言

我之所以能在科学上成功，最重要的一点就是对科学的热爱，坚持长期探索。
——达尔文

物理之光
WU LI ZHI GUANG

德国植物学家施莱登(1804—1881)。他于1839年提出细胞是一切植物组织的基本单位

德国动物学家施旺(1810—1882)。1839年,他发现动物组织也是由细胞组成的,进而把施莱登的学说扩展到了动物界。施莱登和施旺的发现,标志着细胞学说的正式建立

革命导师马克思(1818—1883)和恩格斯(1820—1895)

二 助燃产业革命的火与电

在科学革命的科学思想、自然观和法国思想启蒙运动的共同影响下,德国爆发了哲学革命,形成了以黑格尔为代表的唯心主义辩证法和以费尔巴哈为代表的机械唯物主义的古典哲学。

在产业革命兴起、资本主义生产方式迅速推广的18世纪后期和19世纪初,英国经济学家亚当·斯密和大卫·李嘉图提出了劳动价值论,创立了资产阶级古典政治经济学。

德国哲学家黑格尔(1770—1831)

英国经济学家亚当·斯密(1723—1790)

名人名言

燧石受到的敲打越厉害,发出的光就越灿烂。

——马克思

物理之光 WU LI ZHI GUANG

19世纪初,法国空想社会主义者圣西门、傅立叶一方面揭露资本主义生产方式和社会制度对无产者的残酷剥削和压迫,另一方面又主张由"最有教育"的企业家来改造社会,建立一个人人平等的新社会。

在德国古典哲学、英国古典政治经济学和法国空想社会主义的孕育和形成过程中,科学革命和工业革命发挥了重要的催化作用。它们与自然科学共同成为马克思主义的主要来源。

法国空想社会主义者傅立叶(1772—1837)

三　开启新纪元的近代物理学革命

1. 乌云阴影下的经典物理学

19世纪末，以牛顿力学、热力学、麦克斯韦电磁学理论和原子论为基础的经典物理学理论体系已相当完善，许多物理学家们认为：物理学已经发展到顶点，以后的任务只是在细节上作一些补充和修正。

然而，英国皇家学会主席、著名物理学家开尔文在1900年指出：经典物理学本来十分晴朗的天空上出现了两朵"乌云"。一是"紫外灾难"——热辐射在位于短波的紫外线部分的实验结果与经典统计力学、电磁学理论相背；二是"以太危机"——当时的实验结果表明：麦克斯韦电磁学理论中光、电、磁传播所需要的介质——"以太"可能根本就不存在。

实际上，经典物理学天空的"乌云"何止两朵。19世纪末已有不少传统理论无法解释的新发现，经典物理学正在发生危机，这预示着即将发生一场革命。

英国物理学家开尔文（1824—1907）曾说："未来的物理真理将不得不在小数点后第6位去寻找。"但他也承认，传统理论存在着自相矛盾之处和无法解释的物理现象

物理之光
WU LI ZHI GUANG

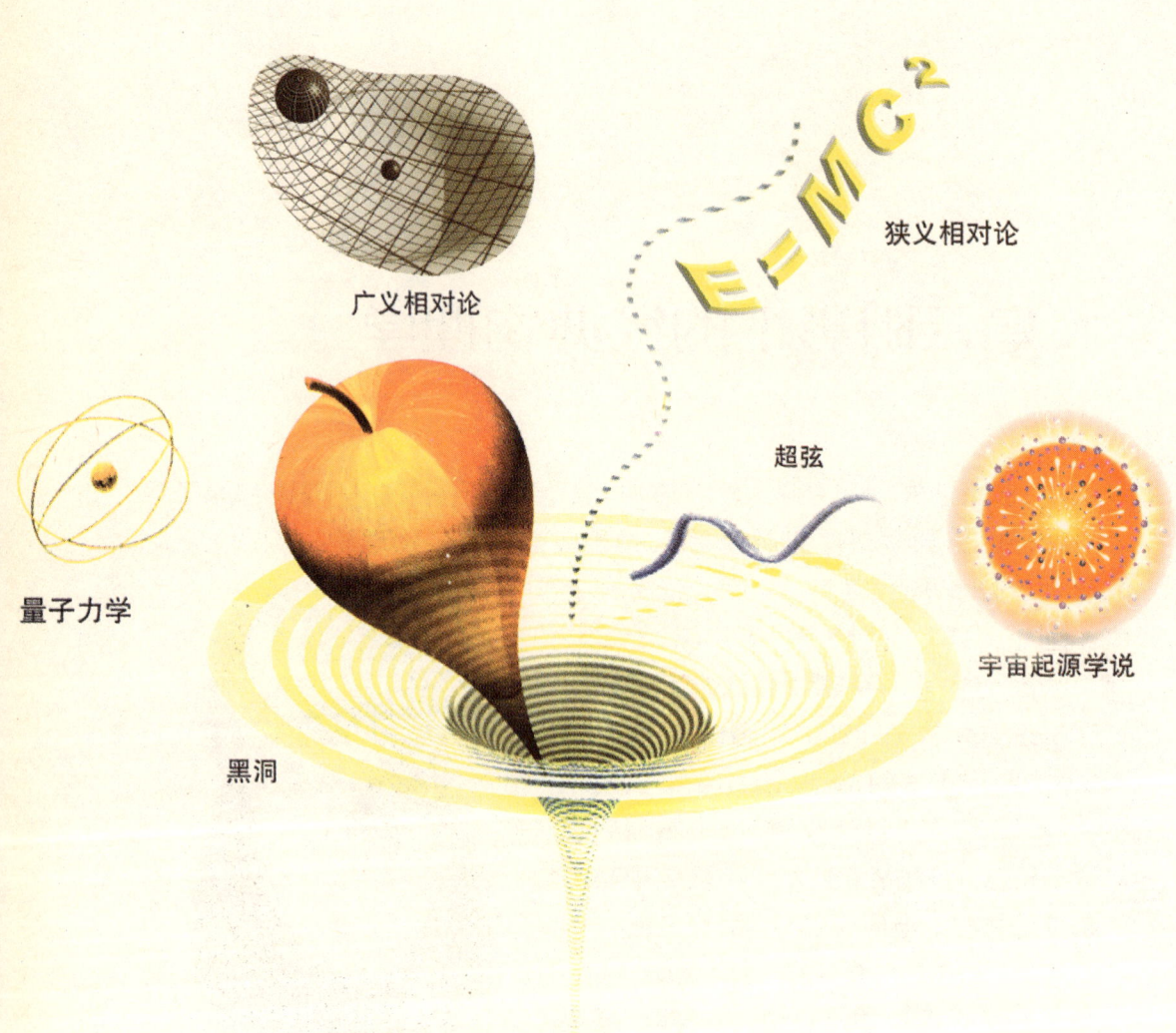

广义相对论

狭义相对论

量子力学

超弦

宇宙起源学说

黑洞

19世纪末的经典物理学危机催生了20世纪的物理学新理论

2. 揭开物理学革命的序幕

X射线、放射性和电子的发现是揭开物理学革命序幕的三声春雷。

早在19世纪三四十年代，人们就发现，真空管内的金属电极在通电时其阴极会发出某种射线，这种射线受磁场影响，具有能量，被称为阴极射线。

德国物理学家伦琴（1845—1923）。X射线被发现后很快用于医疗诊断，但伦琴没有申请专利。他认为科学研究成果应造福于全人类，而不应为个人谋私利，所以将X射线无条件地奉献给社会。他的晚年是在清贫中度过的

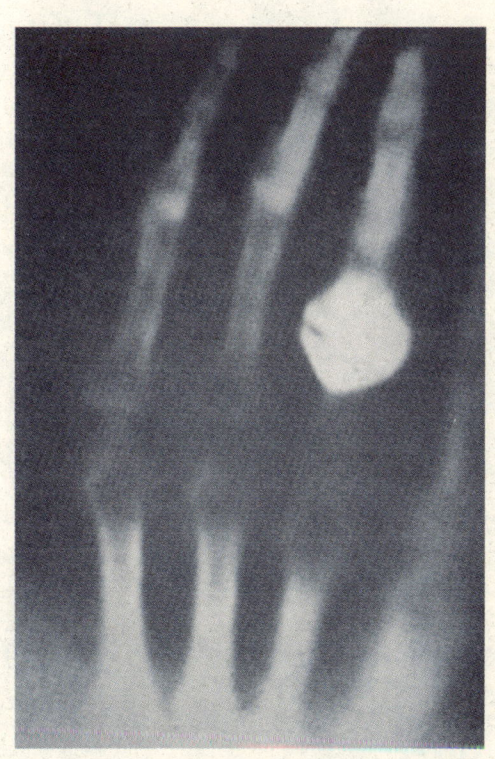

伦琴于1985年11月8日用X射线拍摄的他夫人手的骨骼图，手指上的戒指清晰可辨

物理之光
WU LI ZHI GUANG

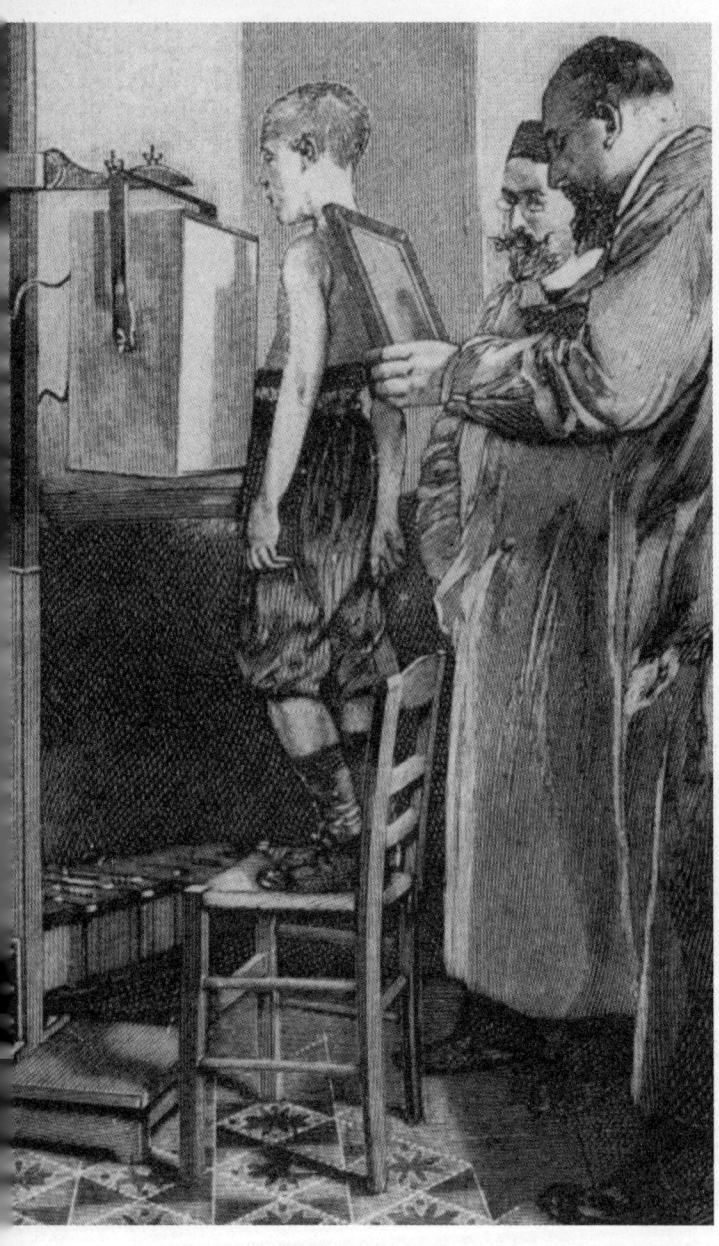

早期的X光诊断

1895年，德国物理学家伦琴在做阴极射线实验时，意外地发现了一种新的射线。它具有极强的穿透力，但因为不了解其本性，伦琴权且称它为X射线。到1912年，德国物理学家劳厄证实X射线是波长很短的电磁辐射。

由于X射线可以穿透皮肉透视骨骼，在医疗上很有用处。因此，这个发现一公布，就引起了很大的轰动。X射线的发现，也为后来物理学的发展提供了一个有力的工具。

1901年，诺贝尔奖第一次颁发，伦琴因为这一发现而成为世界上第一个荣获诺贝尔物理学奖的人。

1896年，法国物理学家贝克勒尔在研究X射线时意外发现，铀能发出一种新的射线。铀是人类发现

名人名言

我喜欢离开人们通行的小路，而走荆棘丛生的崎岖山路。

——伦琴

的第一种放射性物质。当时人们普遍认为，只有铀才具有这种特殊的放射能力。

1898年4月，法国物理学家居里夫妇发现钍像铀一样具有放射性，从而表明放射性决不是某个元素独有的现象。同年7月和12月，他们又分别发现比铀的放射性更强的新物质钋和镭。1903年，居里夫妇和贝克勒尔共同分享了诺贝尔物理学奖。

法国物理学家贝克勒尔（1852—1908）在实验室中

法国物理学家皮埃尔·居里（1859—1906）和波兰裔法国物理学家玛丽·居里（1867—1934）

1910年，居里夫人建议将镭等放射性元素应用于医学事业。不久，世界上第一台镭辐射仪诞生，并首先用来治疗癌症。1911年，她因发现两种新的放射性元素钋和镭而再度获诺贝尔化学奖。她成了第一位两次获得诺贝尔奖殊荣的人物。

X射线和放射性的发现，使科学家们意识到原子可能有更深层次的结构，并且会发生变化。

物理之光
WU LI ZHI GUANG

　　1897年，英国物理学家汤姆逊用实验证实了，阴极射线在电场和磁场作用下均可发生偏转，其偏转方式与带负电粒子相同，这就证明了阴极射线是一种带负电粒子流。1898年，他进一步发现了电子，并指出电子比原子更小，是一切化学原子的共同组分。1906年，汤姆逊获得诺贝尔物理学奖。

　　汤姆逊还认为：既然原子内部存在带负电荷的电子，而原子又呈现中性，其内部还应有带正电荷的不明粒子。此后，科学家们又陆续发现了带正电荷的质子和中性的中子，并发现了原子的蜕变现象。

　　X射线以及随之而来的放射性与电子的发现，彻底推翻了作为经典物理学大厦根基的元素不可变、原子不可分的学说，从而为人们打开了一个新的奇妙的微观世界。

英国物理学家汤姆逊（1856—1940）。他面前是发现电子时所使用的阴极射线管

三　开启新纪元的近代物理学革命

英国物理学家查德威克（1891—1974）于1932年发现了中子

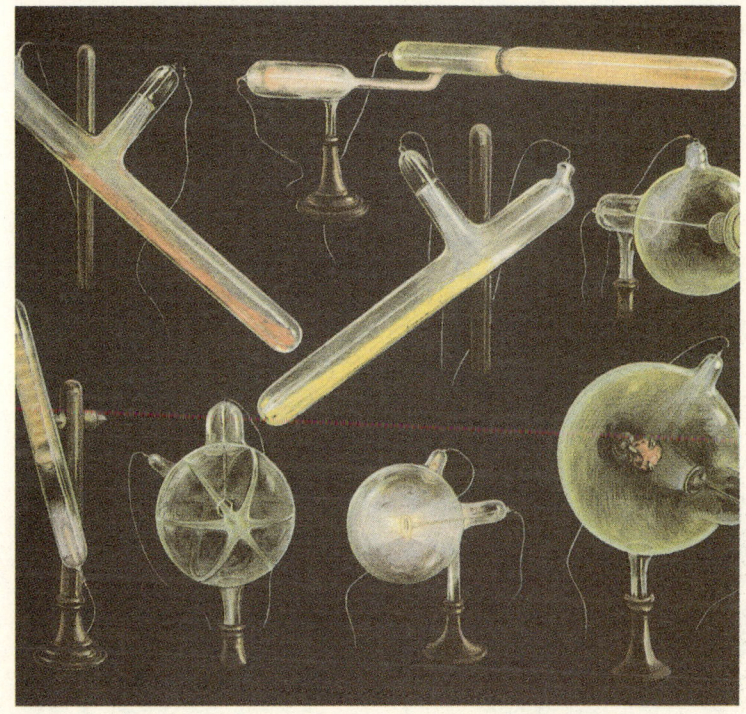

在阴极射线管中电子穿过气体的放射性实验。X射线和电子正是在这样的实验中被发现的

3. "紫外灾难"引发的"量子闪电"

德国物理学家普朗克（1858—1947）

1900年，英国物理学家瑞利根据经典统计力学和电磁理论，推导出黑体辐射的能量分布公式。这个公式在长波部分与实验比较符合，但在位于短波的紫外线部分却与实验结果相背，被称为"紫外灾难"。

为了解释黑体辐射光谱的能量分布曲线，德国物理学家普朗克在1900年得出了一个与实验结果相吻合的公式。但他发现，这个公式要求物体吸收或发射辐射的能量必须是由一份一份不可再分的最小能量单元组成

名人名言

科学不能或者不愿影响到自己民族以外，是不配称作科学的。

——普朗克

1911年在布鲁塞尔举行的第一次索尔维会议，重点讨论量子论问题。坐者右一彭加勒，右二居里夫人，左三索尔维，左四洛伦兹；站立者右二爱因斯坦，右三昂内斯，右四卢瑟福，左二普朗克

三　开启新纪元的近代物理学革命

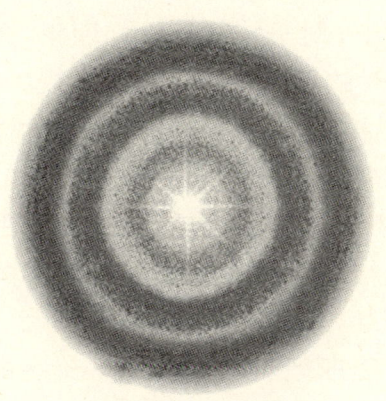

光的波粒二象性示意图

德裔美国物理学家爱因斯坦（1879—1955）于1921年

的，而不再是传统认识的能量无限可分。他把这种能量单元称为"能量子"或"量子"。

量子假说与物理学界几百年来信奉的"自然界无跳跃"的原则直接矛盾，因此许多物理学家不予接受。普朗克本人也曾几度想倒退，回到经典物理学的立场上去。但是，量子论的发展已经锐不可当。

德裔美国物理学家爱因斯坦意识到，量子概念将带来整个物理学的根本变革，并且需要建立新的理论基础。1905年3月，爱因斯坦发表论文《关于光的产生和转化的一个启发性的观点》，把普朗克的量子概念推广到光的传播过程，提出光量子假说，并解释了光电效应中出现的新现象。爱因斯坦因此获得1921年的诺贝尔物理学奖。

美国物理学家密立根（1868—1953）原本打算通过实验推翻爱因斯坦的光量子假说，但他历经10年的实验结果反而证明了光量子假说的科学性

科学小辞典：光电效应

光电效应：金属及其化合物在光（包括不可见光）的照射下释放电子的现象。释放出的电子叫做光量子。

物理之光
WU LI ZHI GUANG

英国物理学家卢瑟福（1871—1937），获得1908年诺贝尔化学奖

爱因斯坦指出，对于统计的平均现象，光表现为波动；对于瞬时的涨落现象，光则表现为粒子。从而，结束了自牛顿以来关于光的本质的微粒说和波动说的长期争论，第一次揭示了光同时具有波和粒子的双重特性，即波粒二象性。以后的物理学发展表明：波粒二象性是整个微观世界的最基本的特征。

主要由于爱因斯坦的工作，量子论在最初的10年得以进一步地发展。

元素的放射性和电子的发现，促使人们去研究原子的内部结构。当时出现了不少原子结构模型，其中最有意义的是英国物理学家卢瑟福于1911年提出的原子的行星模型。次年，他做了一

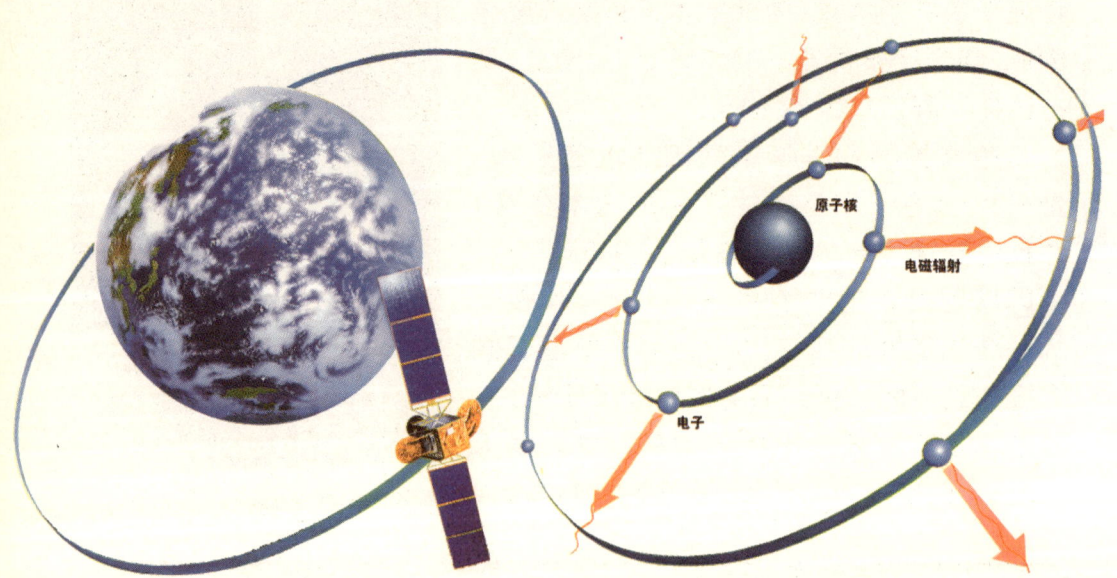

如果原子中电子围绕原子核的运动像人造卫星围绕地球的运动一样，电子将因辐射电磁波失去能量而逐渐坠落到原子核上。但事实却不是这样。卢瑟福虽然建立了原子的行星模型，但却无法从理论上解释上述矛盾

系列α粒子对金箔的散射实验，完全证实了该原子模型所提出的理论预言。

卢瑟福的行星模型假定，原子的质量基本集中于核上，并带正电荷；带有相同负电荷的电子绕核旋转，如同行星绕太阳运行一样。原子表现出电中性。但是根据经典电磁学理论，旋转的电子必定向外发射电磁波，从而损失能量，使电子最终落入原子核中，原子毁灭。然而，事实并非如此。原子寿命很长，不会因为电子的运动而毁灭；而且原子光谱是不连续的。这些矛盾连卢瑟福本人也不能自圆其说。

1913年，丹麦物理学家玻尔把量子概念推广到原子，以原子的能量状态不连续假设为基础，建立了量子化的原子结构理论。他认为，电子只在一些特定的圆轨道上绕核运行；当它在这些特定轨道上向一个较低的能量轨道跃迁时才发出辐射，反过来则吸收辐射。

这个理论不仅在卢瑟福原子模型的基础上解决了原子的稳定性问

丹麦物理学家玻尔（1885—1962）是卢瑟福的学生，28岁时用量子理论修正了老师原子结构模型在理论上的某些错误和缺陷，解决了原子的稳定性问题

题，而且用于氢原子时，与光谱分析所得实验结果完全符合，第一次从理论上解释了光谱分布的规律。玻尔理论被爱因斯坦誉为"最伟大的发展之一"。1922年，玻尔获得诺贝尔物理学奖。

但是，玻尔没有完全摆脱传统理论的影响。他时而运用新的理论方法，时而又运用传统的理论，使得他对于原子结构、粒子运动规律的解释仍存在许多自相矛盾之处。

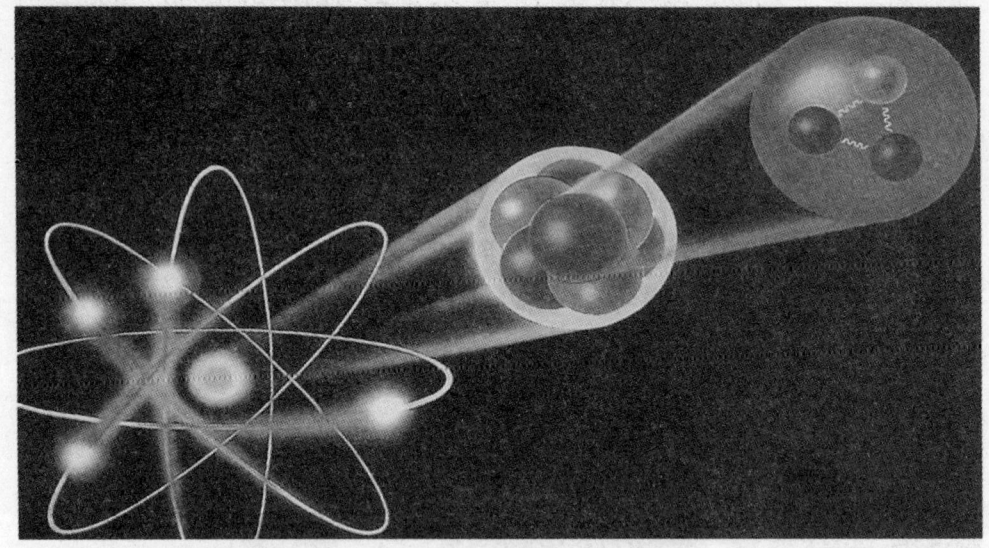

卢瑟福和玻尔建立的经典原子模型。电子在特定的圆轨道上围绕着中央原子核（图中最上方）旋转。质子（红色）和中子（蓝色）组成原子核

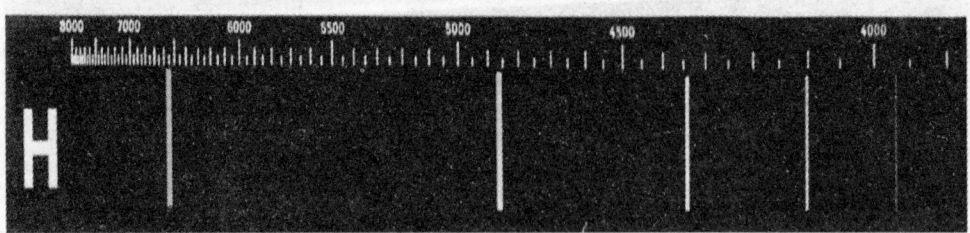

氢原子光谱图

> **名人名言**
> 我认为再没有比那些只顾自己鼻子尖底下一点事情的人更可悲的了。
> ——卢瑟福

三 开启新纪元的近代物理学革命

  1923年,法国物理学家德布罗意把爱因斯坦的光量子理论推广到一切物质粒子,特别是电子,从而提出了物质波理论。他指出,爱因斯坦的光量子理论,不仅适合于光,也适合于像电子这样的实物粒子,这些实物粒子既有粒子性,也有波动性。他还预言,电子束穿过小孔时,会像光一样出现衍射现象。1927年,实验物理学家真的观测到了电子的衍射现象,证实了德布罗意物质波的存在。

  1926年,奥地利物理学家薛定谔受德布罗意物质波思想的启发,提出了波动力学方程,即"薛定谔方程",从而创立了数学方程形式的量子力学——波动力学。薛定谔方程是量子力学的基本方程,描述了微观粒子的状态随时间变化的规律,在量子力学中的地位堪与经典力学中的牛顿运动定律相媲美。

法国物理学家德布罗意(1892—1987),获得1929年诺贝尔物理学奖

奥地利物理学家薛定谔(1887—1961),获得1933年诺贝尔物理学奖

物理之光
WU LI ZHI GUANG

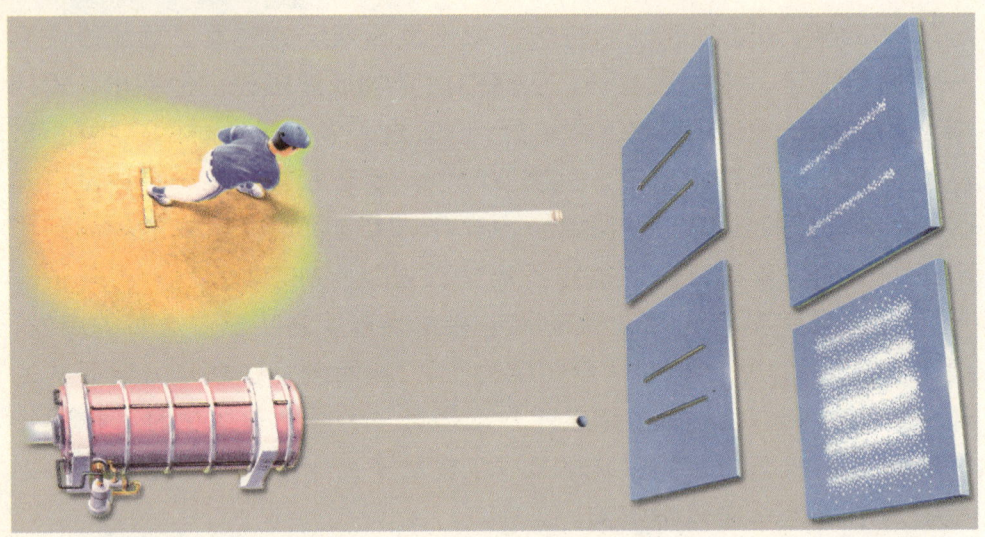

电子的波粒二象性示意图。在宏观世界里，将球投过前一块板的狭缝，球必定会击中后一块板正对着狭缝的位置。但在微观世界里，电子却不一定击中后一块板正对着狭缝的位置，而是出现衍射现象

德国物理学家海森伯（1901—1976）

三 开启新纪元的近代物理学革命

德国物理学家海森伯因不满于玻尔原子结构理论的自相矛盾，1925年提出量子波动理论的矩阵方法。它完全抛弃了玻尔理论中的电子轨道、运行周期这种古典的但却是不可观测的概念，代之以可观察到的原子发出的光的频率和强度等光学量。后经德国物理学家玻恩、约尔丹等人的努力，海森伯的思想发展成为系统的量子矩阵力学理论。

波动力学和矩阵力学在本质上是一样的。然而刚开始时，双方还互不服气，都认为对方的理论有缺陷。到了1926年，薛定谔发现这两种理论从数学上是完全等价的，才消除了双方的敌意。从此以后，两大理论统称量子力学。

英国物理学家狄拉克提出了一整套数学表达方法，完成了矩阵力学和波动力学之间的数学转换，对量子力学理论进行了系统的总结。

量子力学理论体系虽然建立了，但关于它的物理解释却有不同的认识。1927年，海森伯提出微观领域的测不准关系，即测不准原理。同年，玻尔在此基础上提出了"互补原理"。这样，我们只能了解粒子出现的概率，而不能确定某个粒子在某时某处是否一定出现。这就是量子力学的统计解释或几率解释。

从量子力学的发展过程，我们可以认识到：科学归根到底是一个实证知识体系，一旦理论与严密的实验结果不一致，无论这种理论具有多么高的权威性，得到多少人、多少年的信奉，任何人都有理由去怀疑它；科学探索的最终结果是对发现的自然现象做出理论解释，这不仅需要有严谨的科学态度、理性的怀疑精神，更需要有深邃的思考能力、缜密的分析能力和理论思维能力。

海森伯的老师、德国物理学家玻恩（1882—1970）

英国物理学家狄拉克（1902—1984）在1928年将狭义相对论引进了量子力学，巧妙地将两大理论体系——相对论和量子力学成功地统一了起来

海森伯与玻尔

1927年10月召开的第五次索尔维会议，这时量子力学已成为物理学界关注的焦点之一。前排左二普朗克，左三居里夫人，左五爱因斯坦，左七洛伦兹；中排左五狄拉克，左六康普顿，左七德布罗意，左八玻恩，左九玻尔；后排左六薛定谔，左八泡利，左九海森伯

科学小辞典：测不准原理

测不准原理：任何一个粒子的位置和动量不可能同时准确测量，要准确测量一个，另一个就完全测不准。

互补原理：在量子领域里总是存在互相排斥的两套经典特征，正是它们的互补构成了量子力学的基本特征。

4. 冲破"以太乌云"

按照经典物理学理论,光乃至一切电磁波的传播需要介质,这种介质就是"以太",以太无处不在,弥漫于宇宙空间。

1881年,美国物理学家迈克尔逊根据麦克斯韦设计的实验方案,试图证实"以太"的存在,但未得到预期的结果。1887年,迈克尔逊再度与美国化学家莫利合作,以更高的精度重复实验,得到的依然是"零结果"。经典物理学再次遭遇挑战。

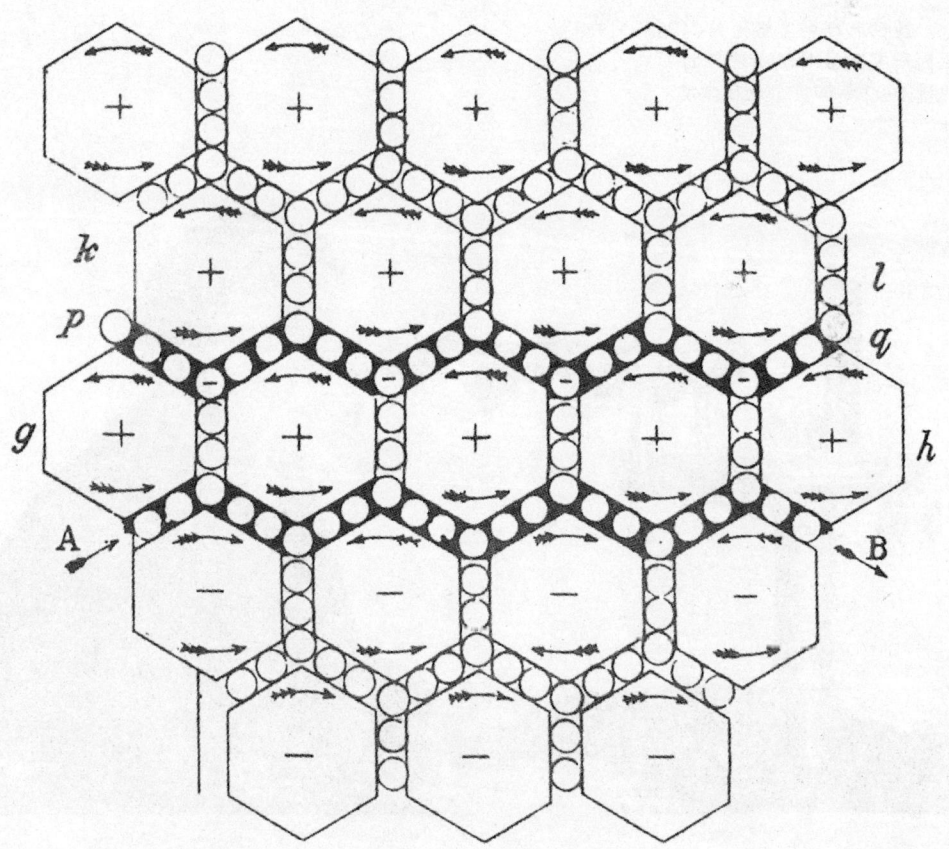

麦克斯韦"以太"的图解

物理之光
WU LI ZHI GUANG

之后，荷兰物理学家洛伦兹和法国物理学家、数学家彭加勒等人都想在保留"以太"的基础上解决这一矛盾。但他们的理论已经大大修改了经典物理学中的许多传统观念，如运动中的粒子质量和长度都不再是不变的、速度均以光速为上限等。

真正彻底打破传统理论的秩序、为现代物理学奠定理论基础的是爱因斯坦。

荷兰物理学家洛伦兹（1853—1928）。他因研究磁性对辐射现象的影响的成果，获得1902年诺贝尔物理学奖

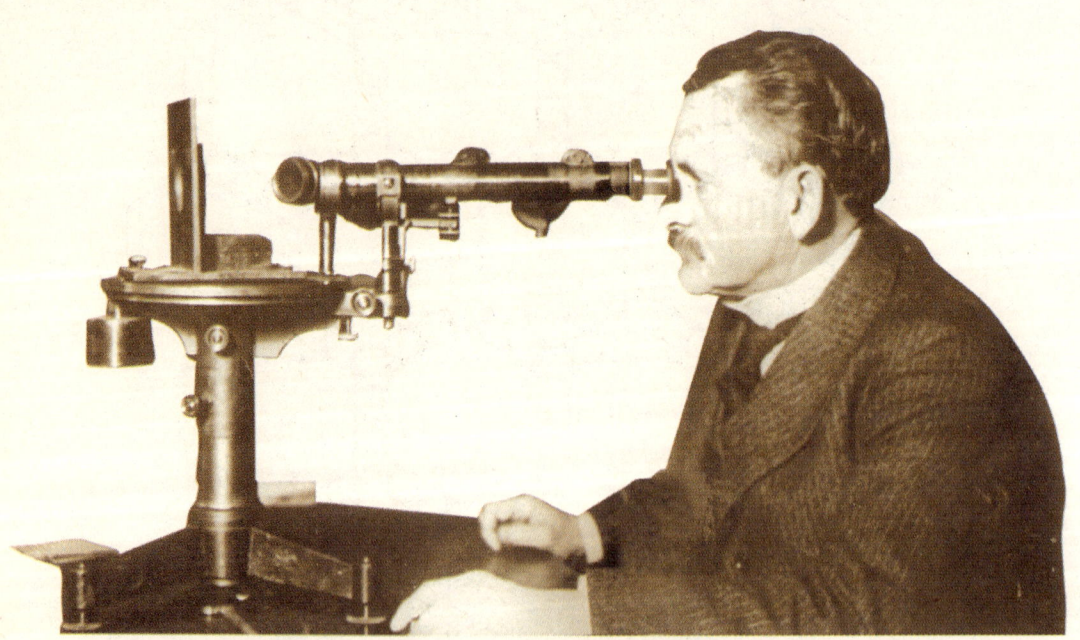

美国物理学家迈克尔逊（1852—1931）在实验中。他因光谱学和计量学的研究成果并精确测出光速，获1907年诺贝尔物理学奖

三 开启新纪元的近代物理学革命

爱因斯坦1902年在伯尔尼专利局

伯尔尼专利局

1905年，年仅26岁的爱因斯坦，在瑞士伯尔尼专利局工作之余，撰写了5篇科学史上的著名论文。其中：

《关于光的产生和转化的一个启发性观点》，论述了光量子以及光电效应；

《分子大小的新测定》，推导出计算分子扩散速度的数学公式；

《关于热的分子运动论所要求的静止液体中悬浮小粒子的运动》，提供了原子确实存在的证明；

《论动体的电动力学》，提出了高速运动下的相对性理论——狭义相对论；

《物体的惯性是否决定其内能》，提出质量与能量可互换的思想。

特别是作为相对论奠基之作的《论动体的电动力学》，拉开了近代物理学革命的帷幕。这场以量子论和相对论为基础

> **名人名言**
> 追求客观真理和知识是人的最高和永恒的目标。
> ——爱因斯坦

的近代物理学革命及其所引发的一系列科学技术的变革，极大地改变了人类对物质世界的认识，并将人类带入到一个新的时代。

爱因斯坦的实验室

爱因斯坦的狭义相对论是建立在两个基本假设基础之上的。一是相对性原理，即物体运动状态的改变与选择任何一个参照系无关；二是光速不变原理，即对任何一个参照系而言，光速都是相同的。在这两个基本假设中，爱因斯坦抛弃了经典物理学中的"以太"和绝对的时空观。

从这两个基本假设出发，爱因斯坦又推出以下主要结论：（1）长度收缩，即运动物体在运动方向上长度缩短；（2）时钟变慢，即运动着的时钟要变慢；（3）光速极限，即任何物体的运动速度都不可能超过光速；（4）同时性是相对的，即在一个惯性系中同时发生的事情，在另一个惯性系中测量便不是同时发生的；（5）如果物质运动速度比光速小得多，相对论力学就变为牛顿力学，因此相对论比牛顿力学具有更普遍的意义。

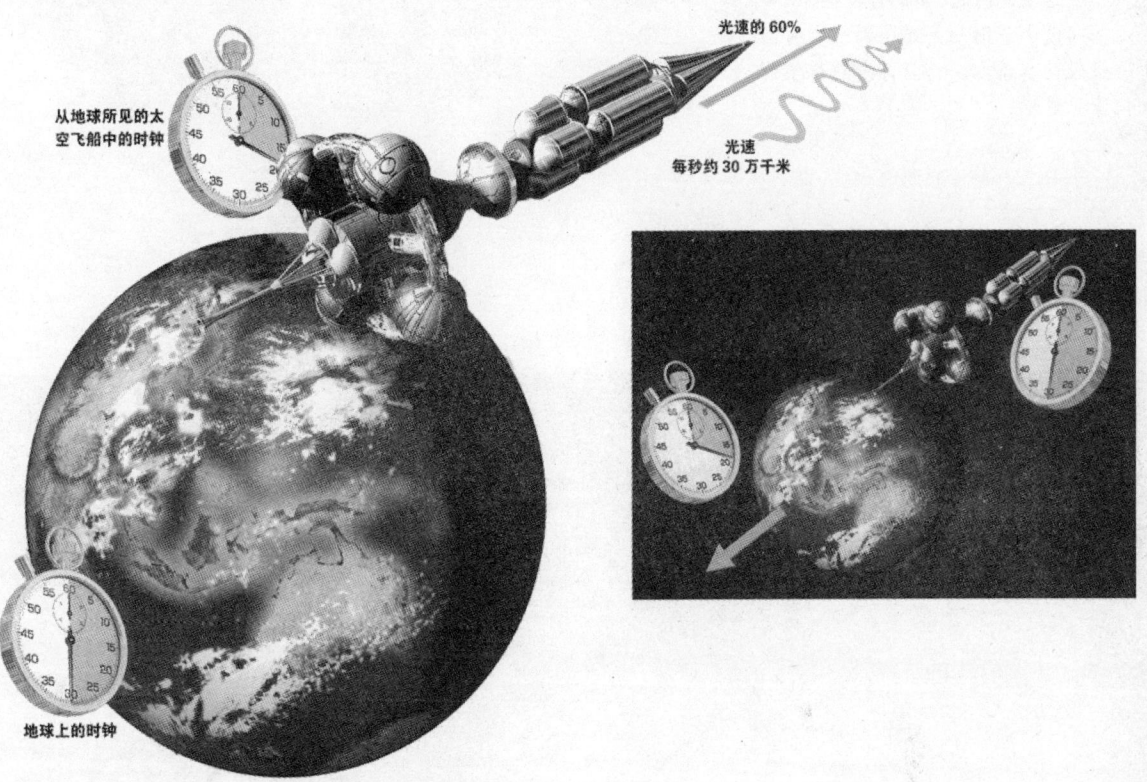

时钟变慢示意图

之后，爱因斯坦根据狭义相对论提出质量与能量可互换的思想，得出质能关系式：$E = mc^2$（E为物体的能量，m为物体的质量，c为光速），并成为此后核物理学和粒子物理学的理论基础。

名人名言

成功＝艰苦的劳动＋正确的方法＋少谈空话。

——爱因斯坦

名人名言

提出一个问题往往比解决一个问题更重要，因为解决问题也许仅是一个数学上或实验上的技能而已。而提出新的问题、新的可能性，从新的角度去看旧的问题，都需要有创造性的想象力，而且标志着科学的真正进步。

——爱因斯坦

1919年美国《时代周刊》的封面

三　开启新纪元的近代物理学革命

质能相当性的发现，使一些当时无法解释的现象，比如放射性元素（特别是镭）为什么能够不断释放出如此强大的能量、太阳能的来源等，都得到了合理的解释，并在理论上为原子能的释放和利用开辟了道路。

狭义相对论合理地解释了时间与空间相联系、物质与能量相联系，改造了牛顿以来的经典物理学知识体系。它不但引起了时空观的革命，也带来了整个物理学的革命，进而把人类对自然的认识提升到一个全新的水准，深刻地影响了人们的思维方式和世界观。

时空弯曲示意图

爱因斯坦对于1905年提出的相对论并不满意,因为其中只涉及了相对做匀速运动的参照系,而没有考虑到加速运动,所以并不完备。这也是今天我们称它为"狭义"相对论的原因。1915年,爱因斯坦进而把相对性原理从匀速运动推广到加速运动,完成了广义相对论的完整表述。1916年写成总结性论文《广义相对论的基础》,宣告了广义相对论的诞生。

广义相对论实际上是关于空间、时间与万有引力关系的理论,它指出空间—时间不可能脱离物质而独立存在,空间、时间随物质分布和运动速度的变化而变化,揭示了时空同物质的内在联系。广义相对论进一步指出,由于物质的存在,时间和空间会发生弯曲,万有引力实际上是时空弯曲的表现。

名人名言

科学决不是也永远不会是一本写完了的书,每一项重大成就都会带来新的问题,任何一个发展随着时间的推移都会出现新的严重的困难。

——爱因斯坦

三 开启新纪元的近代物理学革命

广义相对论中涉及许多艰深的数学问题,爱因斯坦以一支钢笔和大量数学运算革新了我们的时空观念。图为爱因斯坦的广义相对论手稿

物理之光
WU LI ZHI GUANG

1915年创立广义相对论时，爱因斯坦远远超前于那个时代所有的科学家。为了验证广义相对论的科学性，爱因斯坦提出了三个可供验证的推论：

第一，水星近日点的进动。自1859年发现水星近日点的进动以来，每百年43秒的进动是用牛顿经典力学无法解释的。爱因斯坦用太阳引力使空间弯曲的理论，很好地解释了这一现象。

第二，光谱在引力场中的红移。在强引力场中，光谱向红端移动。20世纪20年代，天文观测中被证实。

第三，光线在引力场中的偏转。遥远的星光如果掠过太阳表面，将会发生1.7秒的偏转。1919年，在英国天文学家爱丁顿的建议下，英国人派出了分赴西非和南美的两支远征队，拍摄了日全

从一个远处的恒星发出的光被太阳所折射，站在地球上的人误以为光来自另外的方向

英国天文学家爱丁顿（1882—1944）

> **名人名言**
>
> 　　爱因斯坦的相对论是人类思想史上最伟大的成就之一，也许就是最伟大的成就，它不是发现一个孤岛，而是发现了新的科学思想的新大陆。
>
> 　　　　　　　　——汤姆逊

食在太阳周围看到的恒星照片,结果确认了广义相对论的结论是正确的。

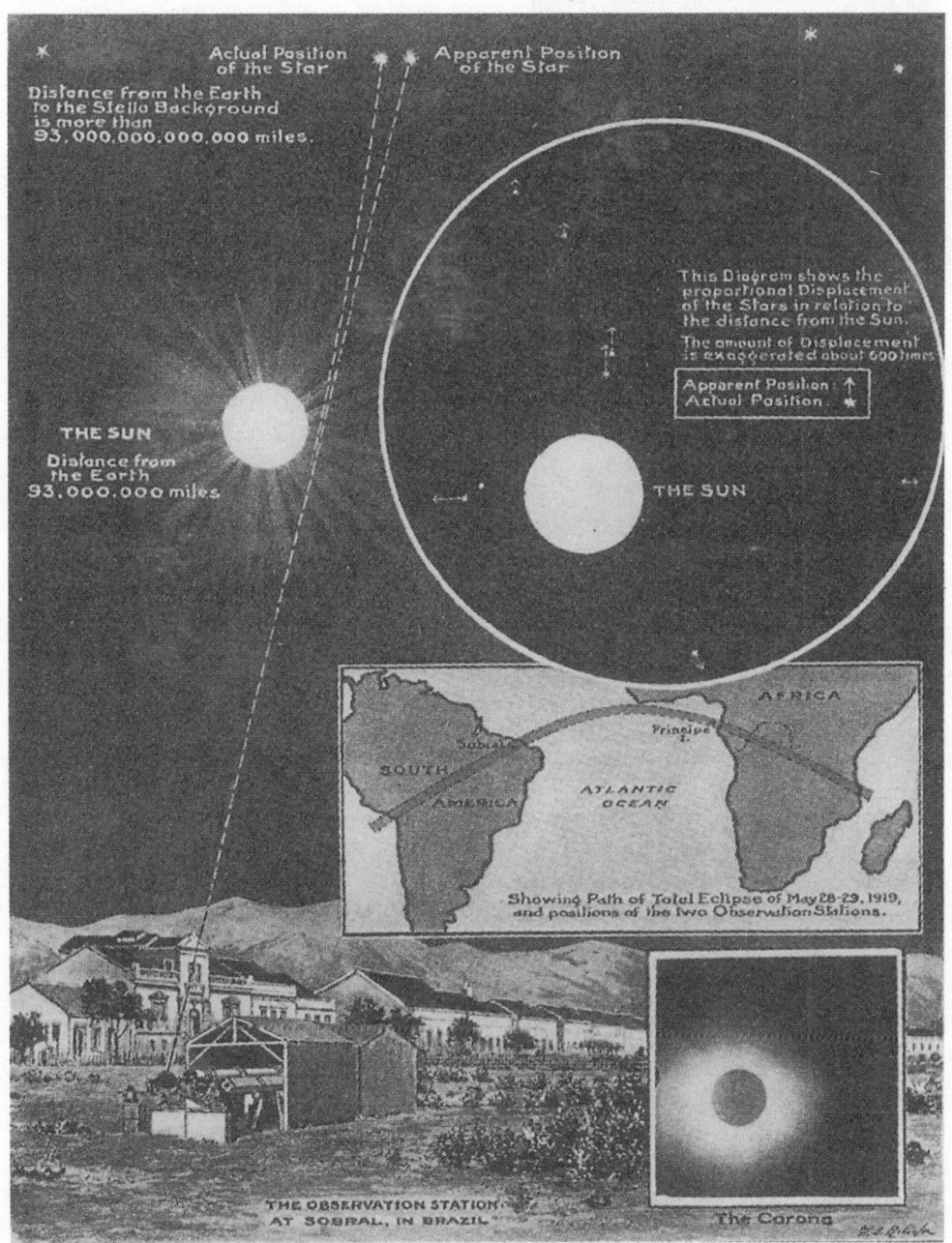

1919年11月一份画报中关于1919年5月29日日全食验证光线在引力场中发生偏转的报道

爱因斯坦

狭义和广义相对论的诞生，革新了物理科学的基本概念框架。由于近代世界图景主要由物理科学提供，也可以说相对论革新了世界图景。世界图景不再只是"筐子装东西"式的"时空＋物质"模式，而是物质运动与时间空间成为一体。

相对论在时空观方面的革命完全奠基于对希腊古典科学精神的再度弘扬。这种精神就是对世界普遍性的追求，对宇宙和谐的追求，对数学简单性的追求。在狭义相对论中，"光速不变原理"起到重要的作用，它的功能在于统一了电动力学与牛顿力学。在广义相对论中，"等效原理"是一个关键，它的功能也是为物理学的大统一奠定基础。可以说，为物理学奠定新的统一的概念基础是相对论的最重要贡献，也是它导致物理性革命的主要原因。

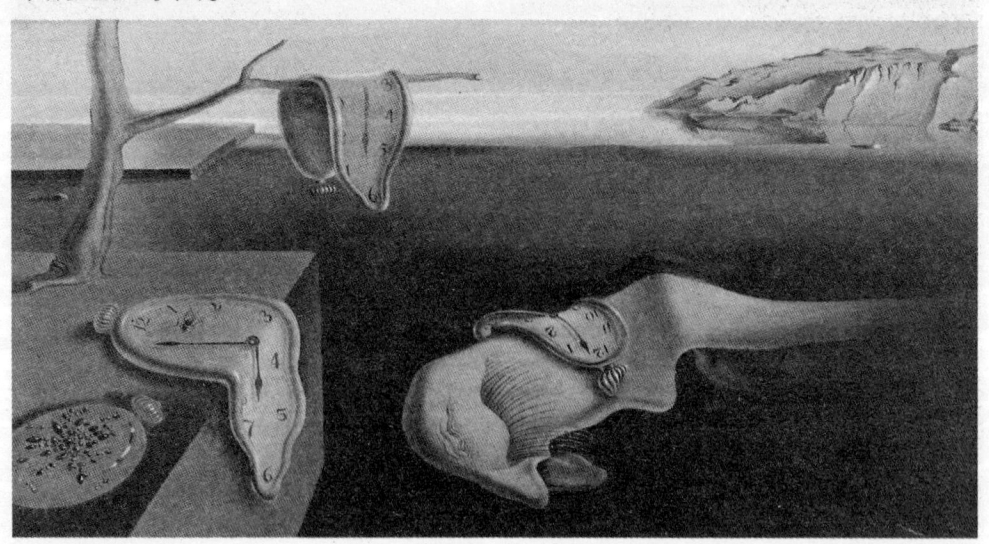

西班牙超现实主义画家和版画家达利的油画《永恒的记忆》，在这里，时空结成一体

三　开启新纪元的近代物理学革命

爱因斯坦的最后10年，将全部精力投入到统一场论的研究中，但没有取得预期的结果。统一场论是统一自然界四种基本力——引力、电磁力、弱相互作用力、强相互作用力的理论，是相对论与量子力学相结合的产物，并与狭义相对论、广义相对论一起共同构成了爱因斯坦相对论研究的三部曲。

20世纪40年代至50年代，美国物理学家费恩曼、施温格和日本物理学家朝永振一郎分别发展了量子电动力学理论，解决了统一场论形成过程中的某些问题。费恩曼、施温格和朝永振一郎共同荣获1965年诺贝尔物理学奖。

1956年，华裔美国物理学家李政道和杨振宁提出了弱相互作用下的宇称不守恒定律，被认为大大深化了人类对微观世界的认识。不久之后，另一位华裔美国物理学家吴健雄以其出色的实验证实了这一理论。

由于实验上的一系列新发现，使得早在1954年就由华裔美国物理学家杨振宁和美国物理学家米尔斯提出的杨-米尔斯场理论在10多年后受到重视，并成为现代规范场理论的一块重要基石。

美国物理学家费恩曼（1918—1988）

物理之光 WU LI ZHI GUANG

华裔美国物理学家杨振宁（1922— ）

华裔美国物理学家李政道（1926— ）

1961—1968年，美国物理学家格拉肖、温伯格和巴基斯坦物理学家萨拉姆先后提出了弱相互作用力与电磁力统一的理论和模型。这

科学小辞典：电动力学和等效原理

电动力学：研究电磁现象的经典的动力学理论，主要研究电磁场的基本属性、运动规律以及电磁场和带电物质的相互作用。

等效原理：某一加速运动的参考系中的惯性力与在一个小体积范围内的万有引力是等效的。

名人名言

真正的快乐，是对生活的乐观，对工作的愉快，对事业的热心。

——爱因斯坦

个模型很好地解释了已知的许多基本规律，而且给出了后来得到实验验证的预言，被认为是一个成功的统一。格拉肖、温伯格和萨拉姆共同荣获了1979年诺贝尔物理学奖。

费恩曼、杨振宁、格拉肖等人的研究成果为最终完成统一场论迈出了重要的一步。

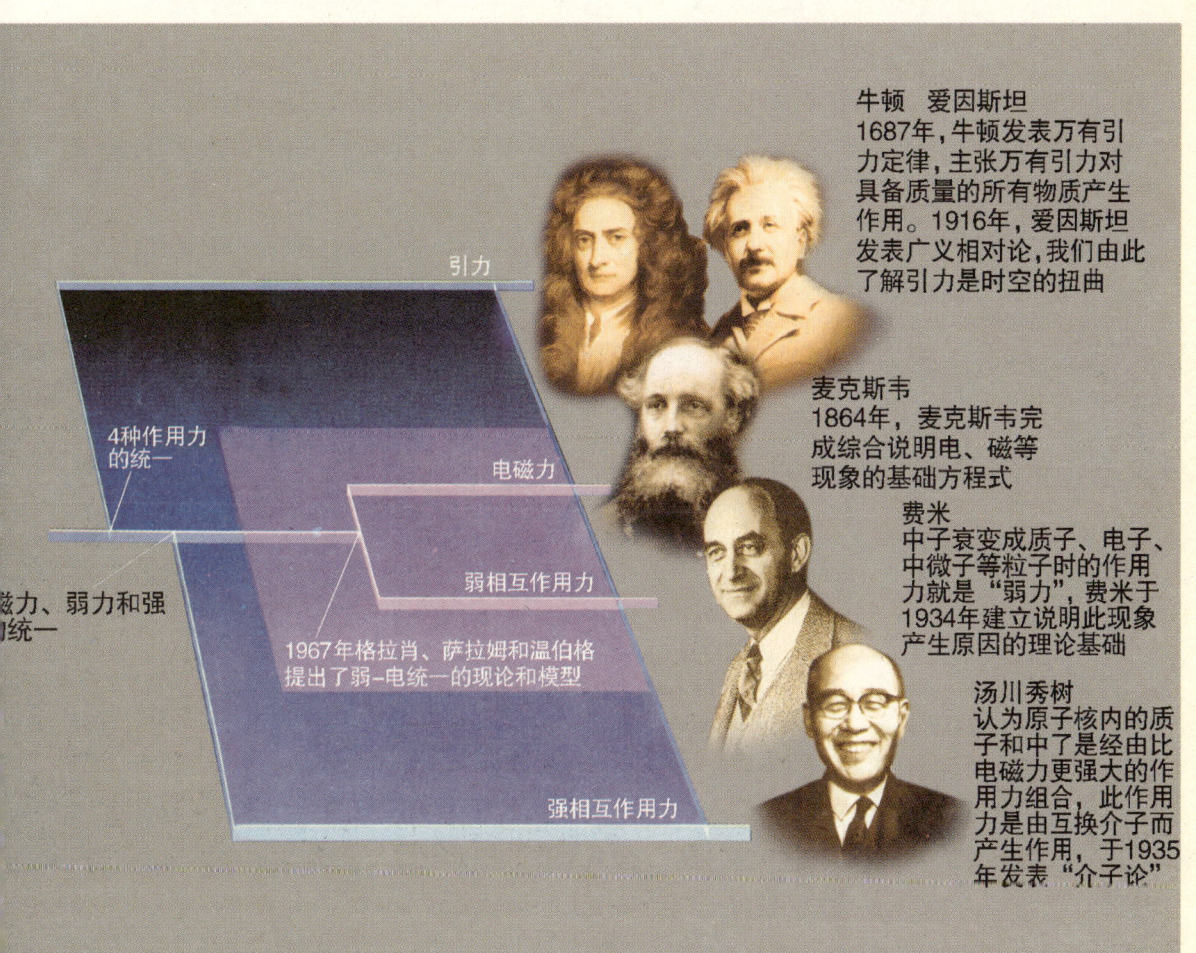

统一场论示意图

5. 识宇宙之宏

相对论、量子力学成功地揭示了宏观和微观物质世界的基本规律，并向人们提供了一种新的关于自然界的表述方法和思考方法，形成了波及几乎整个科学领域的革命。

1917年，爱因斯坦发表论文《根据广义相对论宇宙学所作的考察》，标志着现代宇宙学的诞生。尽管爱因斯坦的宇宙模型沿袭了牛顿的静态宇宙观，但也指出了动态宇宙的可能性。

1917—1927年，荷兰天文学家德西特、俄国数学家弗里德曼和比利时物理学家勒梅特先后得出了膨胀的宇宙模型。

俄国数学家弗里德曼（1888—1953）

美国天文学家哈勃（1889—1953）

哈勃坐在帕罗马山上200英寸的望远镜里工作

科学小辞典：红移

红移：在星系的光谱观测中，某一谱线向长波（红）端的位移。哈勃发现，星系的红移量与它们离地球的距离成正比，即哈勃定律。

三 开启新纪元的近代物理学革命

1929年,美国天文学家哈勃观测到的天体红移现象有力地支持了膨胀宇宙论。它向人们展示了一幅宇宙整体膨胀的图景:从宇宙中任何一点看,观察者四周的天体均在向四处逃逸,就像一个正在胀大的气球,气球上的每两点之间的距离均在变大。

在膨胀宇宙论的基础上,1946年俄裔美国物理学家伽莫夫通过引入基于狭义相对论的核爆炸原理,提出了大爆炸宇宙论,认为宇宙源于一个温度和密度接近无穷大的原始火球的爆炸,之后不仅连续膨胀,而且温度也在由热到冷地逐步降低。

伽莫夫的学生阿尔法等人于1948年推算出宇宙大爆炸发生于150～200亿年前,大爆炸的余烬在今日应表现为绝对温度5K的背景辐射。

1964年,美国的两位电信工程师彭齐亚斯和威尔逊在研究卫星电波通信时,发现来自宇宙各个方向的强度不变的背景微波辐射,这种微波辐射相当于3.5K的黑体辐射。这一发现被认为是大爆炸宇宙论的有力证据,随后大爆炸宇宙学开始兴起,并且发展成为宇宙学的"标准模型"。彭齐亚斯和威尔逊共同荣获了1978年诺贝尔物理学奖。

俄裔美国物理学家伽莫夫(1904—1968)

宇宙起源大爆炸学说示意图

物理之光
WU LI ZHI GUANG

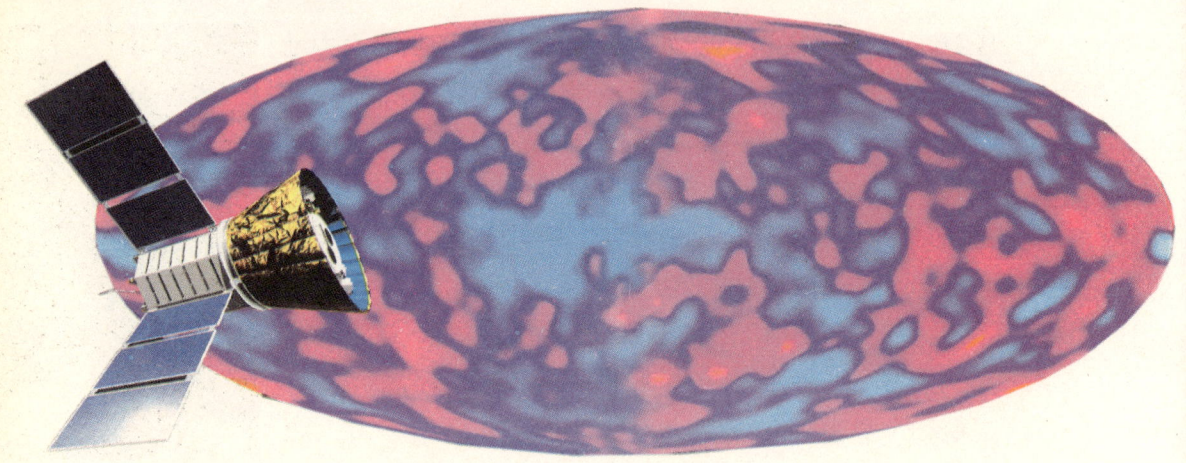

1992年，美国"宇宙背景观测者号"天文卫星捕捉到2.73 K宇宙背景辐射。图中红色部分温度较高，蓝白色部分温度较低

在人类心目中，太阳以及宇宙中许许多多的恒星永远充满着活力，是不会老的。但事实上，所有恒星都有其从生到死的一生。

1939年，印度裔美国物理学家钱德拉塞卡发表了关于恒星演化和白矮星形成的理论。他认为，恒星在演化后期内部燃料即将耗尽，所产生的能量不足以抵消物质间的引力，于是体积收缩、密度增大，恒星演化为致密的白矮星。

印度裔美国物理学家钱德拉塞卡（1910—1995），1983年获得诺贝尔物理学奖

宝瓶座的天文照片（中心有一白矮星）

三 开启新纪元的近代物理学革命

同年,美国物理学家奥本海默提出中子星假说,即质量很大的恒星由于其引力的巨大,将使它的最后归宿不是白矮星,它会继续收缩,原子已不存在,原子核也被挤碎,带正电的质子与核外带负电的电子在强大引力作用下被结合成中性的中子,庞大星体成为由挤得很密的中子组成、体积极小、质量和密度极大的一个小球,被称为"中子星"。

爱因斯坦与美国物理学家奥本海默(1904—1967)

后来科学家通过计算认定:质量小于太阳1.44倍的恒星将演化为白矮星;质量为太阳的1.44~3倍的恒星将演化为中子星;质量大于太阳3倍以上的恒星,其巨大的引力会将一切物质都吸引至其内部,被挤压成超高密度状态,就连光线也无法逃逸。美国物理学家霍伊勒把这种天体命名为"黑洞"。

虽然黑洞无法直接观测到,但可以通过它对外界物质的作用被间接地观察到。科学家们发现,在一颗大于太阳质量20倍的蓝色超巨星附近,有一个大于太阳质量5倍的暗黑伴星,它不断地把超巨星的物

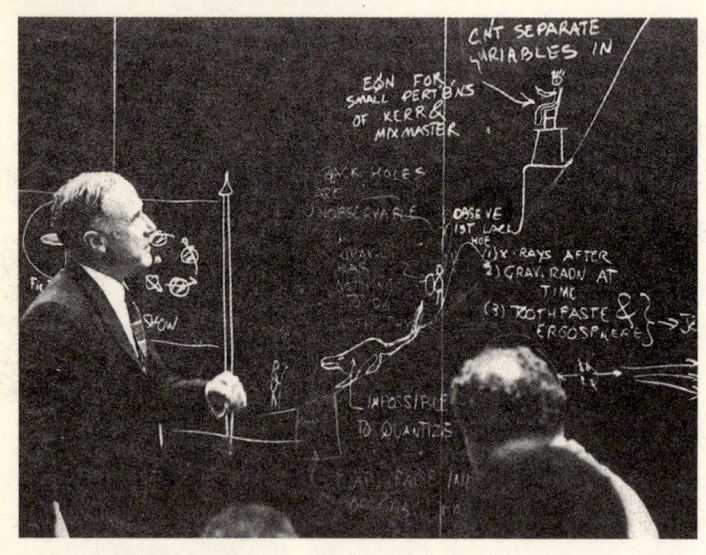

美国物理学家霍伊勒正在讲述黑洞理论

质吸引过去。这些物质落向暗黑伴星的速度极快，并在其表面附近被挤压得很紧，温度极高，以致辐射出强X射线来。这个伴星可能就是黑洞。

宇宙起源的大爆炸模型、恒星演化理论及黑洞学说，是相对论和量子力学理论应用于天体物理学研究的产物。

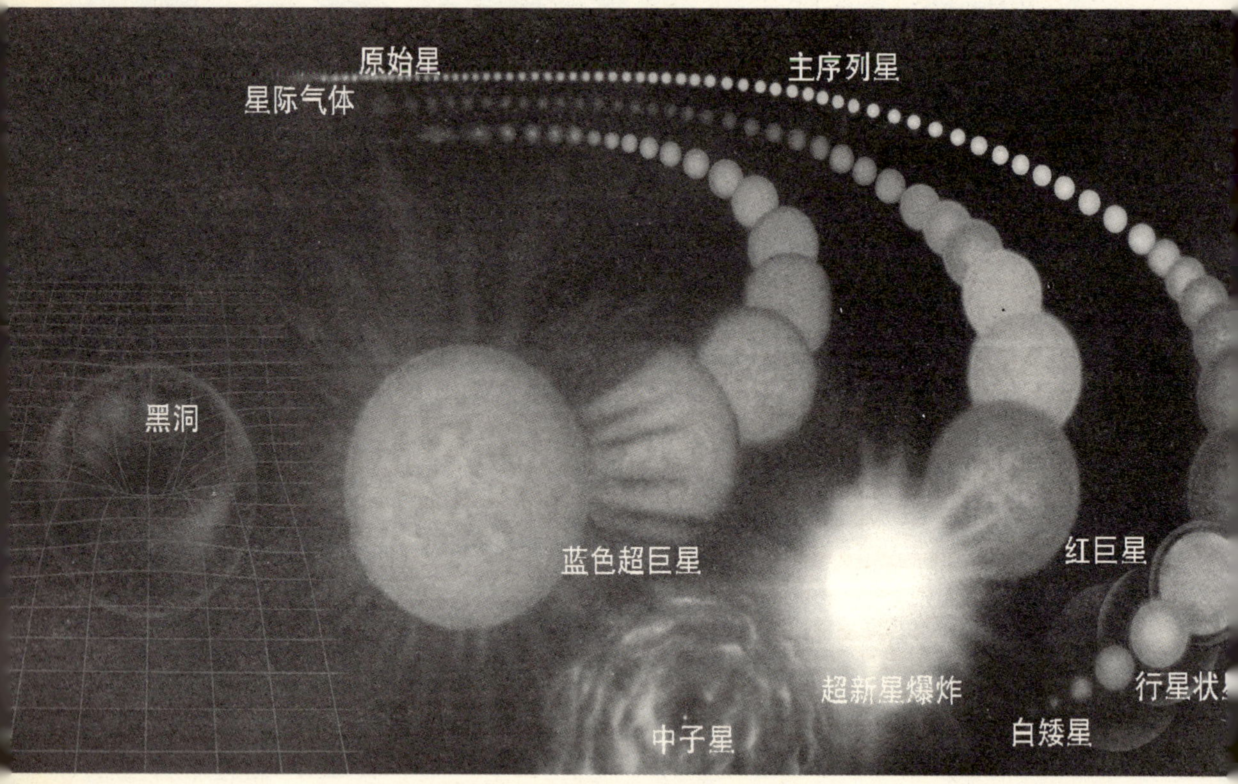

恒星演化过程示意图

三 开启新纪元的近代物理学革命

传统的天文观测只是收集宇宙天体发来的可见光信息。1932年，美国电信工程师扬斯基研制成功第一台射电天文望远镜。天文学进入了全波时代，并导致了20世纪60年代的四大天文发现。

第一个发现就是前面提及的宇宙微波背景辐射。

第二个发现是类星体。它体积极小，但辐射能量极大。

美国电信工程师扬斯基正在使用的第一台射电天文望远镜

第三个发现是脉冲星。它以很短的周期有规律地发出短促的脉冲电波。事后证明这就是奥本海默等人预言的中子星。

第四个发现是星际分子。1969年在人马座上发现了甲醛分子，引起了人们的普遍关注。因为甲醛分子在适当的条件下可转化为氨基酸，而氨基酸是生命物质的基本组成。这可能意味着，地球之外在宇宙空间确实还存在着生命发生的适宜条件。

宇宙是神秘的，它正在等待着未来的科学家去识破、猜度。

位于波多黎各阿雷西博的目前世界上最大的射电天文望远镜

脉冲星照片（左边照片中的白点为爆发的脉冲星，右边为脉冲星变暗后的照片）

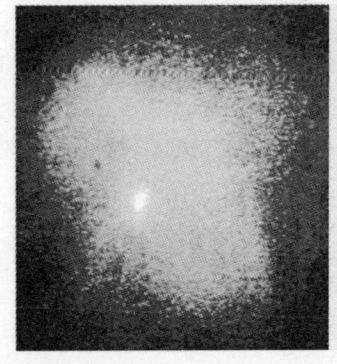 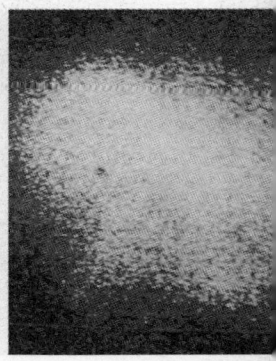

6. 探粒子之微

20世纪30年代初，构成原子以及在原子层次上活跃的那些微小粒子只有电子、质子、中子和光子几种，人们称它们为基本粒子。但是没过多久，先是在宇宙线中，后是在高能加速器中，又发现了一大批粒子，从而揭示了越来越深层的物质结构和物理规律。

1932年，美国物理学家安德森从宇宙射线中发现了电子的反粒子——正电子，第一次证明了自然界确有反粒子存在。

1955年，意大利裔美国物理学家塞格雷和美国物理学家钱伯伦又发现了质子的反粒子——带负电荷的反质子。

正电子和反质子的发现提示人们思考，是否所有的粒子均有其反粒子。高能加速器的问世揭示了微观领域一大批新现象，其中包括许多粒子的反粒子。迄今为止，几乎所有的粒子都有它的反粒子被找到。

美国物理学家安德森（1905—1991），获得1936年诺贝尔物理学奖

在强磁场的作用下，带负电荷的电子与带正电荷的正电子均呈现近似的螺旋状运动轨迹，但方向相反

三　开启新纪元的近代物理学革命

意大利裔美国物理学家塞格雷（1905—1989 左一）、美国物理学家钱伯伦（1920— 左四）和反质子研究小组的其他成员在用于发现反质子的实验装置前

20世纪60年代以后，随着大型和超大型高能加速器的建立和发展，一大批基本粒子被发现。这样，物质的微观结构和规律又变得复杂了。

华裔美国物理学家丁肇中（1936—　），于1976年获得诺贝尔物理学奖

1961年，美国物理学家盖尔曼等人排出了一张基本粒子的"周期表"。这张表揭示了基本粒子在许多性质上存在着的对称性，所以是一张对称图。有意义的是，依据对称图对有关空位做出的预言，后来被实验证明是成立的。

1964年，盖尔曼提出了基本粒子的夸克模型。

之后，美国物理学家弗里德曼、肯德尔和加拿大物理学家泰勒合作发现了质子和中子有内部结构，证明了夸克的存在。1974年华裔美国物理学家丁肇中和美国物理学家里希特分别发现大质量的电中性介子，从而证明粲夸克的存在。

随着实验的发展和人类认识的提高，原子世界越来越多的奥秘会被揭开。

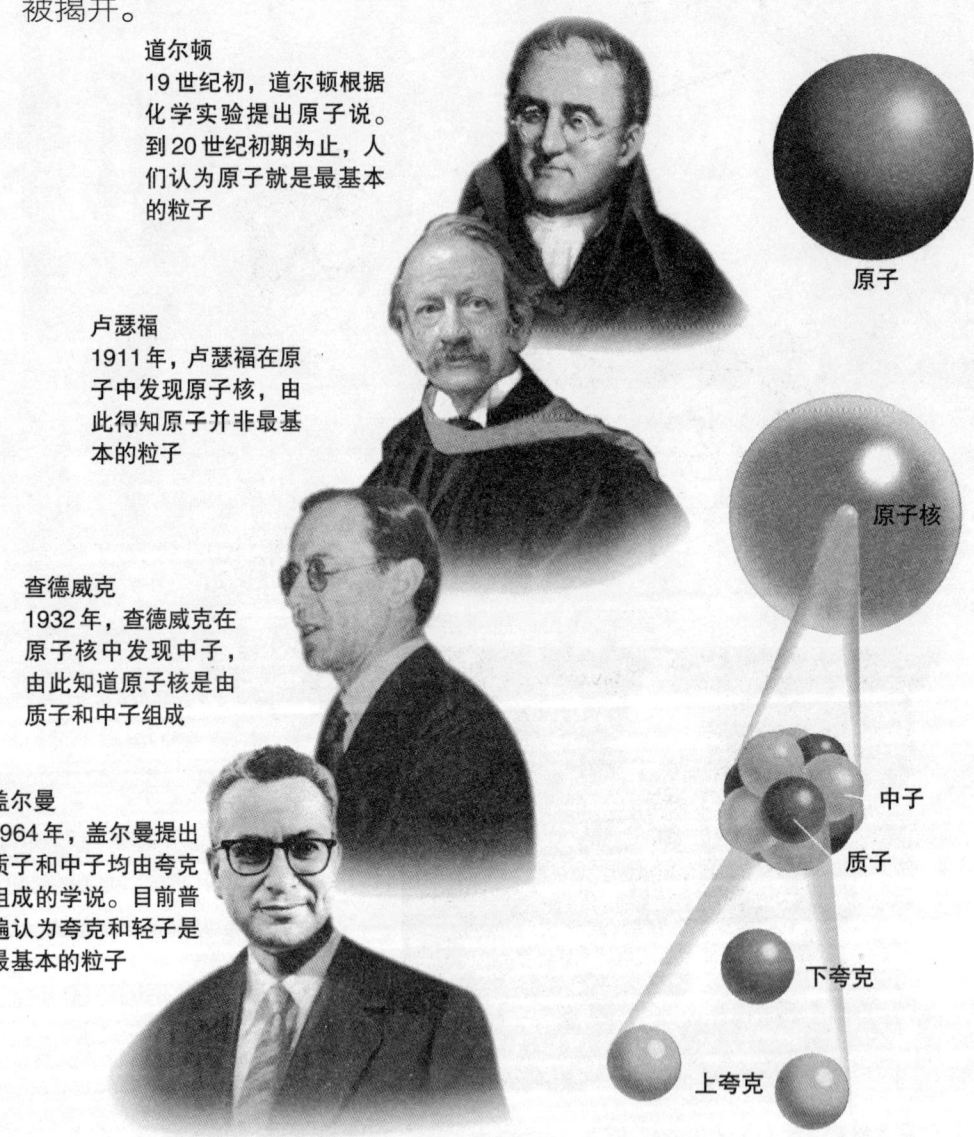

道尔顿
19世纪初，道尔顿根据化学实验提出原子说。到20世纪初期为止，人们认为原子就是最基本的粒子

卢瑟福
1911年，卢瑟福在原子中发现原子核，由此得知原子并非最基本的粒子

查德威克
1932年，查德威克在原子核中发现中子，由此知道原子核是由质子和中子组成

盖尔曼
1964年，盖尔曼提出质子和中子均由夸克组成的学说。目前普遍认为夸克和轻子是最基本的粒子

为探索基本粒子结构做出重要贡献的科学家们

三 开启新纪元的近代物理学革命

微观物质与粒子的尺度

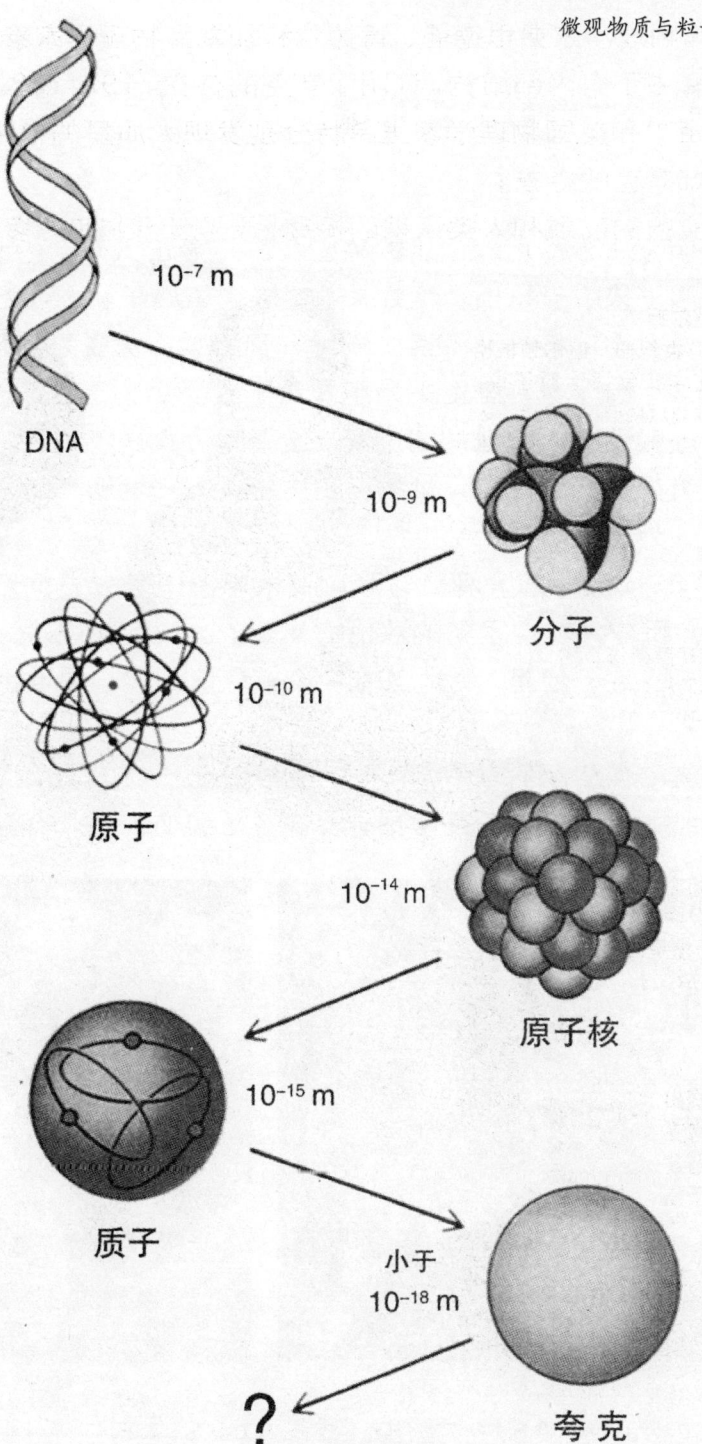

7. 发掘物质内部的巨大能量

1919年，卢瑟福用加速了的高能α粒子轰击氮原子，结果发现有质子从氮原子核中被打出，而氮原子变成了氧原子。这可能是有史以来人类第一次真正将一种元素变成另一种元素，被誉为当代炼金术。

1934年，约里奥－居里夫妇用α粒子轰击铝，产生了一个自然界不存在的放射性元素即磷的同位素。这个同位素是不稳的，产生之后很快蜕变为稳定元素硅，同时放出正电子。这一发现表明，放射性同位素可以人为产生。

1934年10月，意大利物理学家费米用慢中子轰击重元素的原子核，产生核反应并获得了新的放射性元素。这一发现被认为是原子时代的"真正起点"。但是，费米当时并没有意识到实验中发生了原子核裂变。

1938年，德国物理学家哈恩根据他与奥地利物理学家梅特纳合作设计的实验方案，用中子轰击铀，发现了核裂变现象。哈恩因此获得

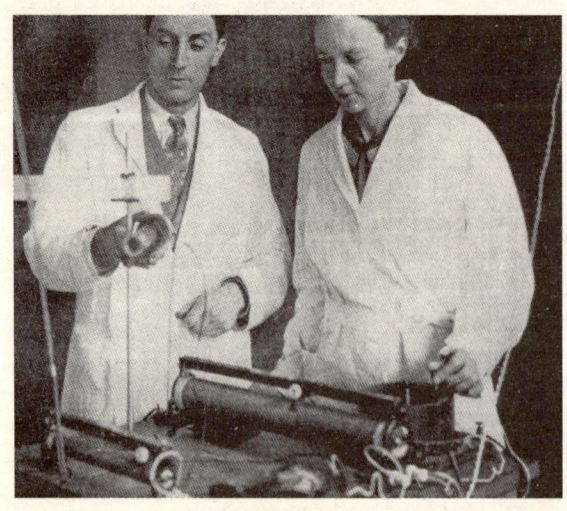

约里奥－居里（1900—1958）（左）和伊伦·约里奥－居里（1897—1956），获得1935年诺贝尔化学奖

意大利物理学家费米（1901—1954），获得1938年诺贝尔物理学奖

三 开启新纪元的近代物理学革命

德国物理学家哈恩（1879—1968）和奥地利女物理学家梅特纳（1878—1968）

1944年诺贝尔物理学奖。此外，梅特纳还根据爱因斯坦的质量—能量转换公式 $E=mc^2$ 计算出核裂变释放的巨大能量。

　　核裂变的发现促使人们想到链式反应的可能性。所谓链式反应就是，当中子轰击铀核使核发生分裂时，又有新的中子产生从而再轰击别的铀核，使这一反应像链条一样一环扣一环地持续下去。约里奥－居里夫妇率先证实了链式反应的可能性。科学家们已经清楚地认识到，只要链式反应一开始，无比巨大的能量就会在极短的时间内爆发出来。

　　原子核裂变以及链式反应的发现，具有划时代的意义，导致了后来原子弹、核反应堆、原子能发电站的诞生。

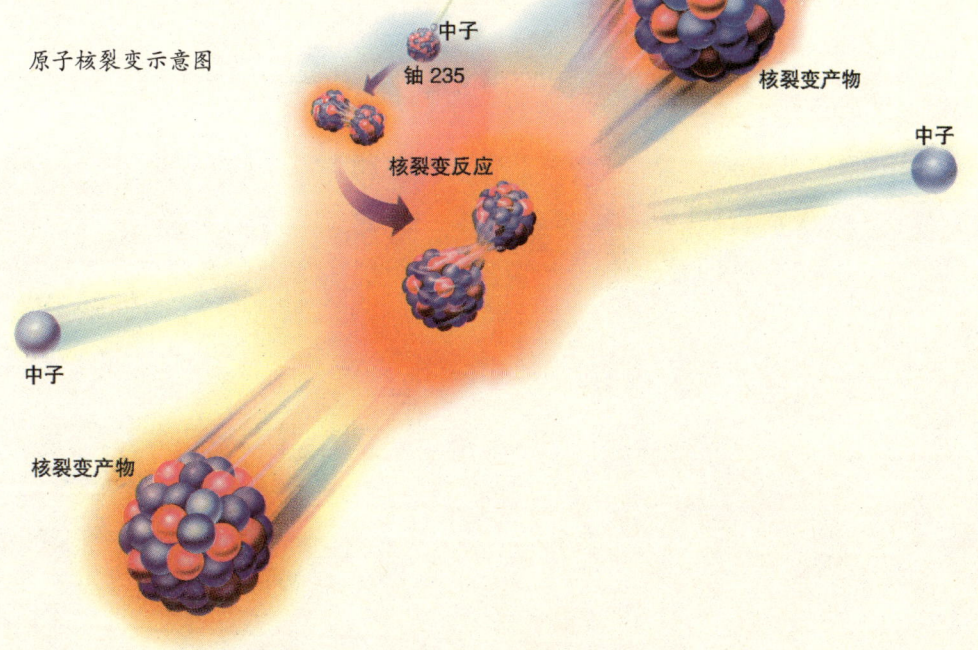

原子核裂变示意图

物理之光 WU LI ZHI GUANG

8. 新仪器的发明推进科学进步

科学的观测实验技术和仪器，是获取新发现、验证科学理论和假说的必不可少手段。在20世纪，相继诞生了云室、气泡室、粒子加速器、射电天文望远镜、电子显微镜和红外线探测、X射线断层扫描（CT）、核磁共振、全息摄影等观测实验技术和仪器。它们既是物理学发展的产物，又对物理学及其他学科的发展起到了有力的推动作用，从宏观、微观和非可见光等多方面极大地拓展了人类的视野。

美国物理学家劳伦斯（1901—1958）于1932年发现了世界上第一台回旋加速器，为物理学家提供了极其重要的实验工具。图为劳伦斯（右）在他所建造的回旋加速器前

建在法国和瑞士交界地区的欧洲粒子物理研究中心的大型电子对撞机是目前世界上最大的加速器，地下100米处的加速环周长达27千米

三　开启新纪元的近代物理学革命

在科学已经越来越依赖于研究手段的今天，实验技术和仪器的进步不仅可以有助于理论的突破，甚至可以改变科学家的思路，开辟新的研究领域。

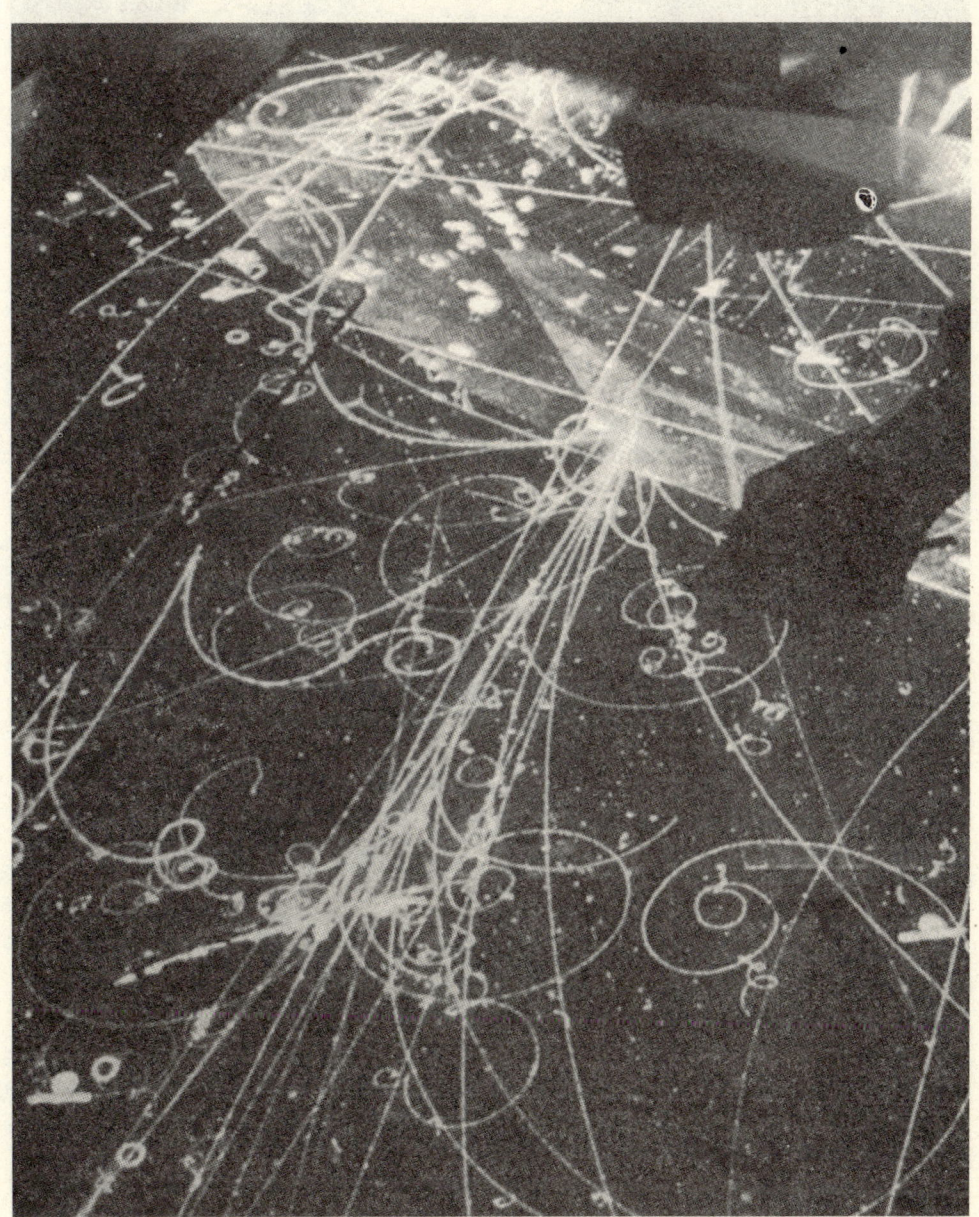

科学家在研究利用气泡室拍摄的粒子轨迹照片。美国物理学家格拉塞（1926—　）于1952年发明了世界上第一台气泡室

物理之光
WU LI ZHI GUANG

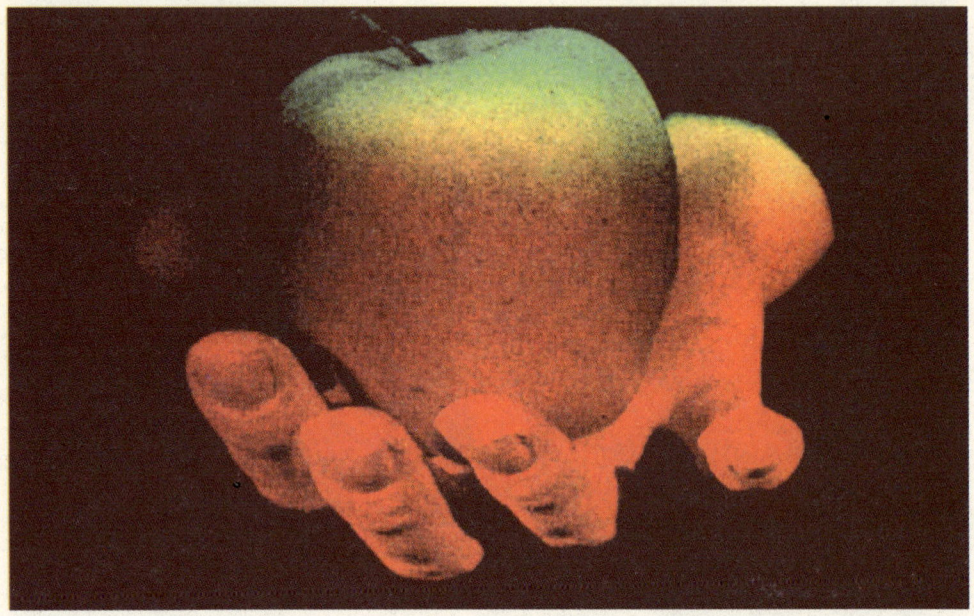

匈牙利裔英国物理学家加博尔（1900—1979）于1947年提出全息摄影的设想，并于60年代制造了第一台全息摄影仪。全息摄影的出现为摄影学开辟了一个全新的领域，在科研、工业和民用领域具有广泛的用途。图为全息照片

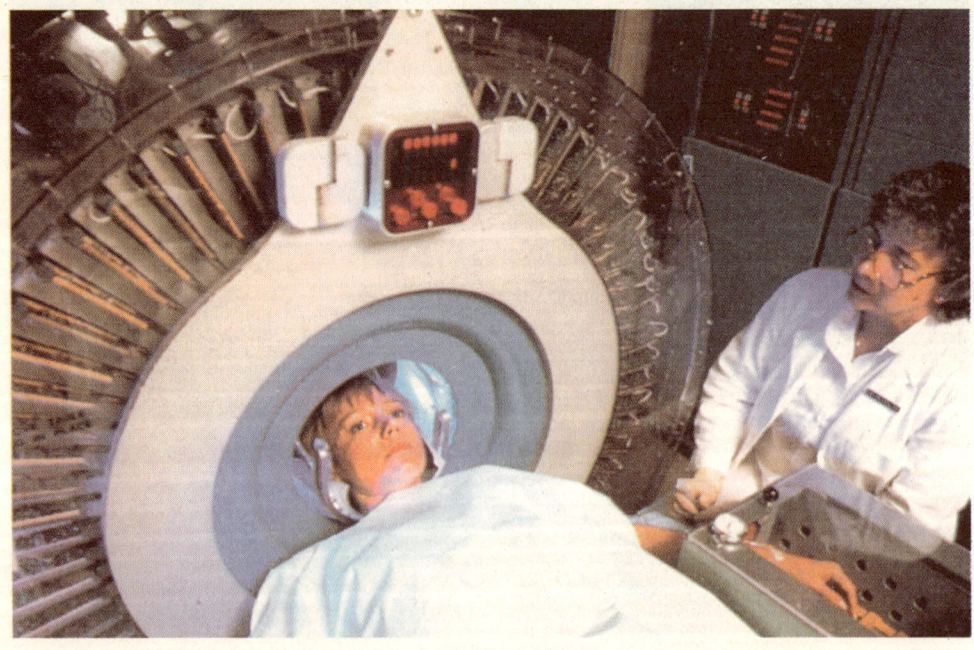

美国物理学家拉比（1898—1988）于20世纪30年代发明了核磁共振法。根据他的理论，50年代诞生了核磁共振仪。图为用于医学诊断的核磁共振仪

三　开启新纪元的近代物理学革命

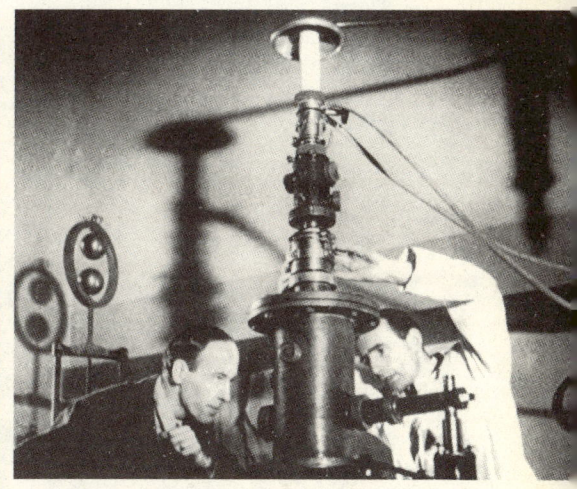

德国物理学家鲁斯卡（1906—　）于1932年研制成功世界上第一台电子显微镜。图为鲁斯卡（左）与他发明的电子显微镜

德国物理学家比尼格（1947—　）和瑞士物理学家罗雷尔（1933—　）于1982年发明第一台扫描隧道电子显微镜，使放大倍数可达数千万倍，极大地拓展了人类对微观世界的视野。图为扫描隧道电子显微镜

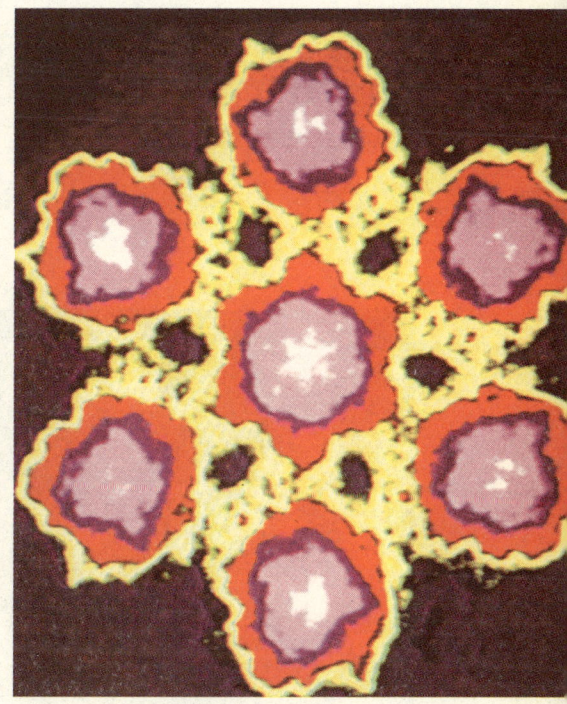

扫描隧道显微镜拍摄的7个铀原子团

9. 引发化学和生命科学的革命

相对论和量子力学的影响并不局限于物理学领域，它对化学、生物学的发展也产生了重要影响。

1927年，美国物理化学家莫利肯用量子力学理论阐明分子中电子运动的复杂规律，提出了分子轨道理论，为发展量子化学奠定了基础。莫利肯于1966年获得诺贝尔化学奖。

1931年，美国化学家鲍林将量子力学理论引入化学研究之中，用于分析、阐述化学键的性质和复杂分子的结构，创建了量子化学。鲍林于1954年获得诺贝尔化学奖。

20世纪50年代以后，分子轨道理论在有机化学结构分析和合成方面得到了广泛的应用，并在理论上取得了重大的突破。1962年，日本物理化学家福井谦一提出了建立在量子化学基础上的分子前线轨道理论，成为了解和探索分子化学反应能力的理论工具。福井谦一于1981年获得诺贝尔化学奖。

1965年，美国化学家伍德沃德与他的学生、波兰裔美国化学家霍夫曼提出了建立在量子化学基础上的分子轨道对称守恒原理。这一原

美国化学家莫利肯（1896—1986）

美国化学家鲍林（1901—1994）

理对于解释和预示一系列化学反应进行的难易程度，了解反应产物的立体构型，都有指导作用。

化学现象的基本特征是原子与分子以及分子与分子之间的相互转变。将量子力学的基本原理和方法引入化

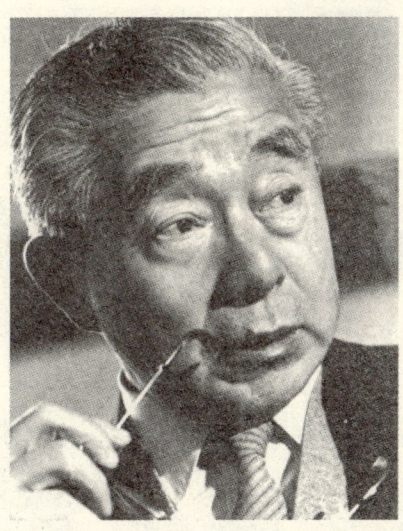

日本物理化学家福井谦一（1918—1998）

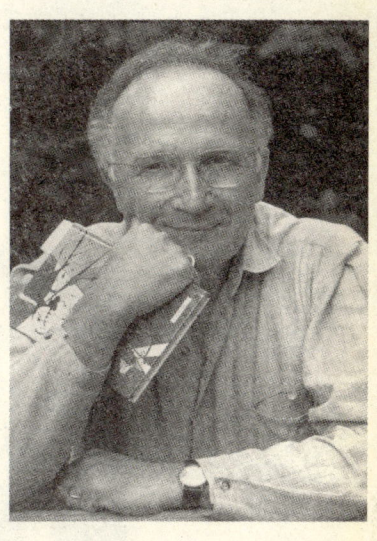

波兰裔美国化学家霍夫曼（1937—　），于1981年获得诺贝尔化学奖

从氢分子的形成看电子轨道

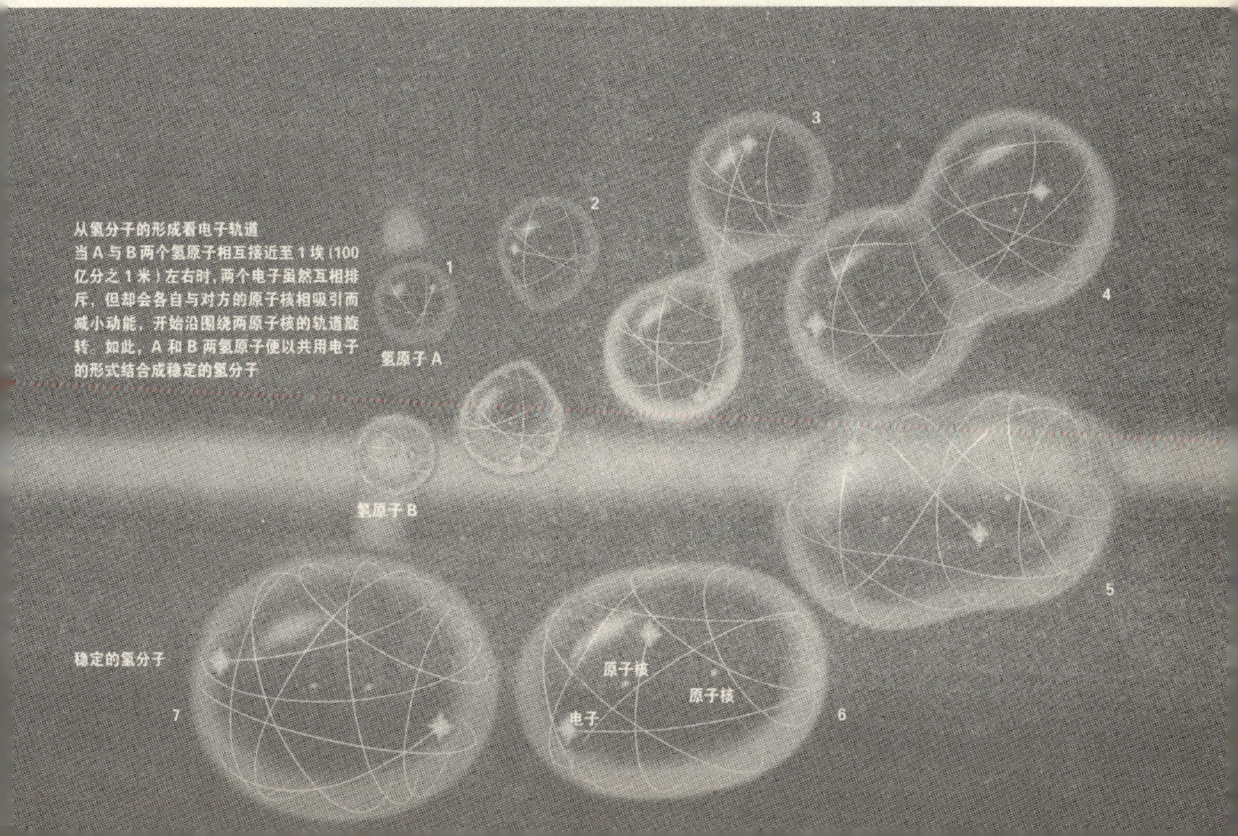
从氢分子的形成看电子轨道
当A与B两个氢原子相互接近至1埃（100亿分之1米）左右时，两个电子虽然互相排斥，但却会各自与对方的原子核相吸引而减小动能，开始沿围绕两原子核的轨道旋转。如此，A和B两氢原子便以共用电子的形式结合成稳定的氢分子
1
2
3
4
5
6
7
氢原子A
氢原子B
稳定的氢分子
原子核
原子核
电子

物理之光
WU LI ZHI GUANG

美国生物学家沃森（1928— ）（左）和英国生物物理学家克里克（1916— ）在他们建立的第一个DNA双螺旋结构模型前。他们共同荣获了1962年诺贝尔生理学或医学奖

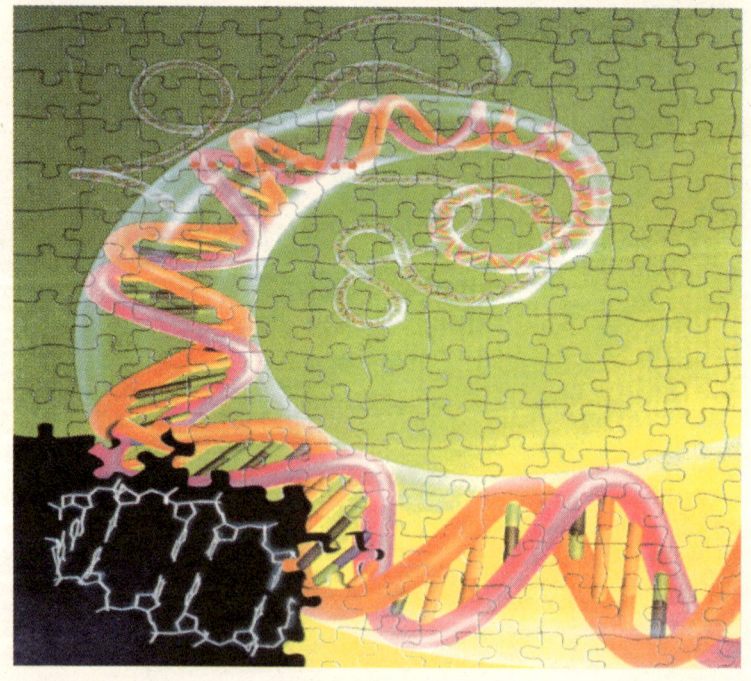

DNA双螺旋结构模型的建立使生命科学完成了由细胞水平向分子水平的转变，标志着分子生物学的真正诞生

三 开启新纪元的近代物理学革命

核苷酸三联体遗传密码表。DNA的4种核苷酸碱基的序列代表了基因的遗传信息，决定着蛋白质的20种氨基酸的组成和排列顺序

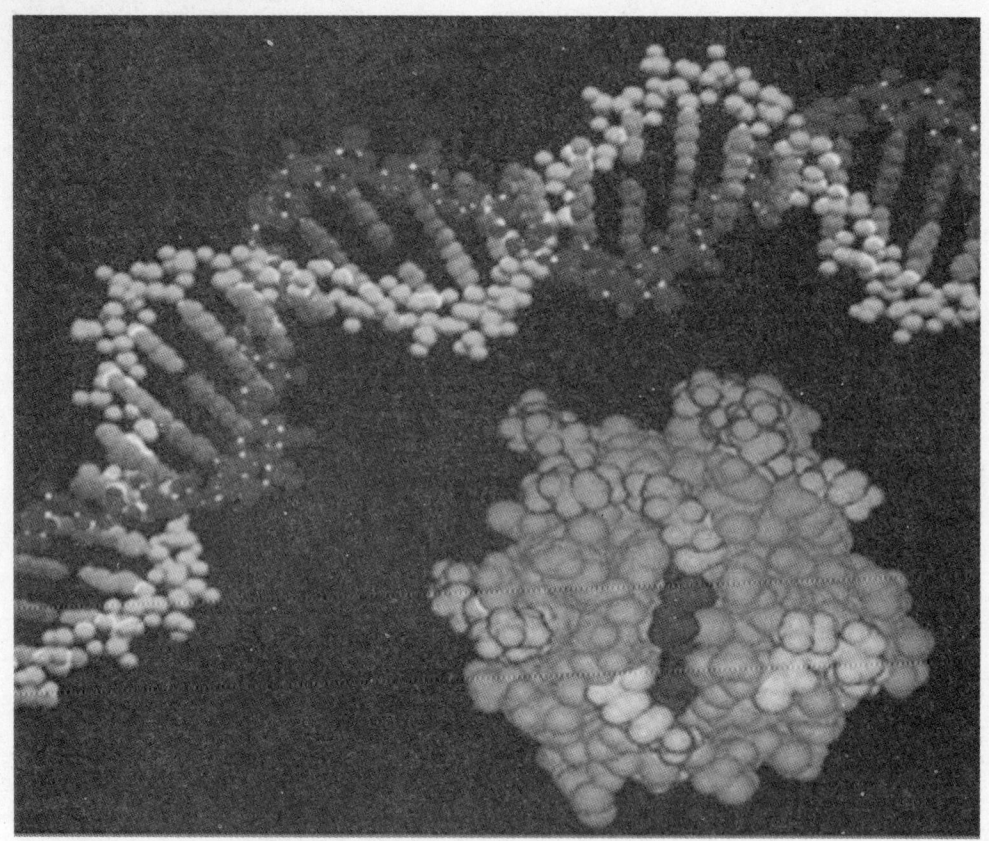

DNA与蛋白质。DNA是基因的载体，是生命的后台指挥者。蛋白质相当于活跃在生命前台的演员，生命的一切性状通过蛋白质来表现

学研究之中，从分子中电子和原子核运动的角度，可以更深刻地研究和揭示分子运动的规律。随着量子化学的发展和应用，科学家们将量子化学理论与结构化学实验相结合，提出了"分子设计"这一奋斗目标，希望将来能像建筑设计一样，根据指定的要求设计出新的材料和药物等，从而减少化学研究与实验的盲目性。

近代物理学革命还催生了现代分子生物学的变革。物理学的概念和方法以及物理学家深入到生命科学领域进行探索，做出了重要的贡献。

我们不能忽视量子波动力学创立者薛定谔的思想影响，他于1944年出版的《生命是什么——活细胞的物理学观》一书中，预言生命科

三　开启新纪元的近代物理学革命

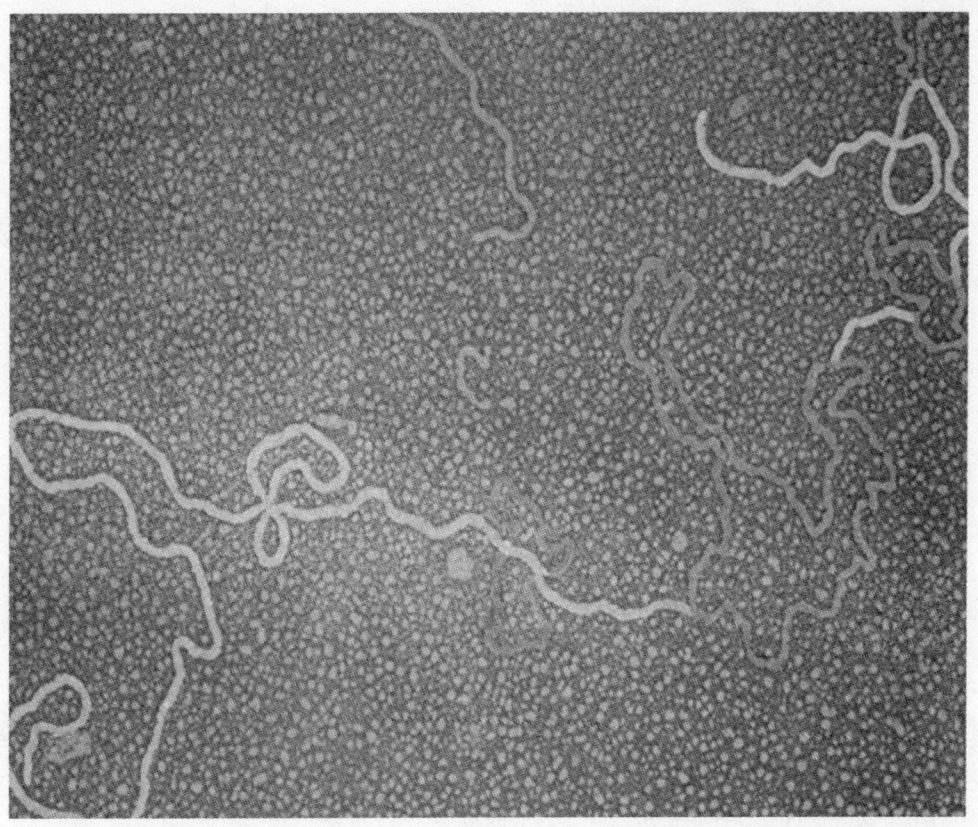

显微镜下的基因重组。黄色为细菌的DNA链，红色为外来的DNA片断，利用基因重组技术将其剪接，形成新的DNA分子

学的理论与方法正面临着重大突破，生命科学的研究将从生命的表面现象和细胞深入到分子的水平，并提出将物理学的理论与方法引入生命科学研究之中。该书曾深深影响了一批物理学家和生物学家，并促进了分子生物学的发展。

美国生物学博士沃森和英国物理学研究生克里克受《生命是什么》影响，投身于生命科学的研究，于1953年发现脱氧核糖核酸（DNA）的双螺旋结构。这是20世纪最伟大的生物学成果，开启了分子生物学的新时代。

1954年，俄裔美国物理学家伽莫夫提出核苷酸三联体遗传密码。1958年，克里克提出遗传信息传递从DNA到RNA再到蛋白质的中心法则。1961年，法国生物学家雅各布和莫诺提出基因的功能分类和调节基因的概念。由此，分子生物学的理论框架基本形成。

　　随着双螺旋结构模型的提出、"中心法则"的确立和基因重组技术的兴起，几乎所有对生命现象的研究都深入到分子水平去寻找生命本质的规律，分子生物学成为生命现象研究的核心理论和生物技术发展的源泉。20世纪70年代，基因重组开辟了基因技术的工程应用的可能性，从而使人们看到了运用生物技术造福人类的前景。

　　同时，物理学家们也十分重视生命科学对物理学的影响。量子论主要创立者之一的玻尔号召物理学家关心生命现象研究，其目的之一是在生命现象中寻找量子物理的适用界限。

四　新技术革命的发动机

　　物理学是基础学科，虽然它的研究成果一般不具有直接的应用价值，却是应用科学和应用技术的基础。2000年，美国科学院选择了20项20世纪最伟大的工程技术，它们是：电气化、汽车、飞机、自来水系统、微电子、无线电广播和电视、农业机械化、计算机、电话、空调和电冰箱、高速公路、人造卫星、互联网、摄影、家用电器、医疗技术、石油和石油化工、激光和光纤、核技术、高性能材料，它们绝大多数都与物理学直接或间接有关。特别是现代物理学革命以来的科学成果，成为核技术、航空航天技术、信息技术等为代表的新技术革命的发动机，并对新技术革命所引发的第三次产业革命产生了重大影响，推动人类迈向信息化时代和知识经济时代。

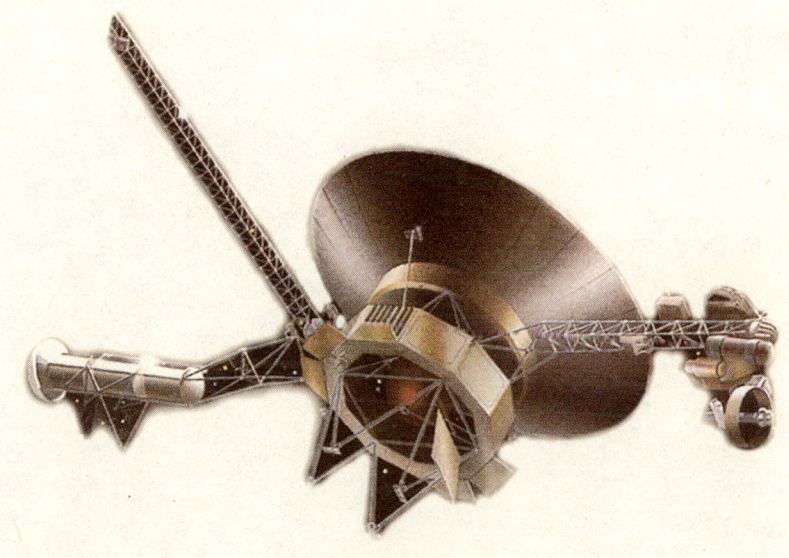

"旅行者"2号探测器

1. 原子能时代

原子核裂变发现时正值第二次世界大战爆发的前夕，美国为了赶在纳粹德国之前造出原子弹，实施了"曼哈顿计划"。1942年，意大利物理学家费米主持的第一座核反应堆在美国建成运行。这是人类第一次实现自持链式核反应，开创了可控核能释放的历史。

1945年7月16日，由美国物理学家奥本海默主持研制的世界上第一颗原子弹爆炸成功。它的爆炸力相当于两万吨TNT炸药，住在200千米以外的居民都看到了空中的强烈闪光。

1945年8月6日，为了敦促日本无条件投降，美国将一颗重4吨、外号"小男孩"的铀弹投到了日本的军港城市广岛，摧毁了这座有35万人口的城市。8月9日，另一颗重5吨、外号"胖子"的钚弹在长崎上空爆炸，使长崎在瞬间化为废墟。

描绘科学家们启动世界第一座核反应堆的油画

四　新技术革命的发动机

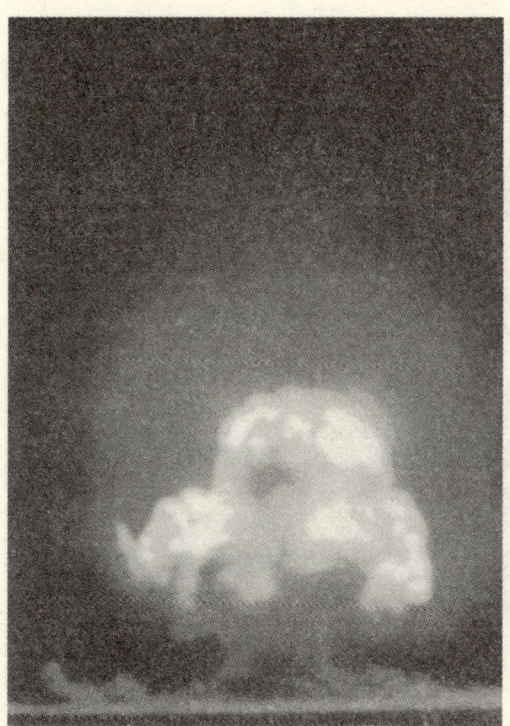

世界上第一颗原子弹爆炸的情景

轰炸日本广岛的"小男孩"原子弹

轰炸日本长崎的"胖子"原子弹

核能的效率是惊人的，1千克核燃料（如浓缩铀）所释放的能量相当于2 500吨煤或2 000吨石油燃料，如果将它用于和平事业，将大大造福人类。实际上，有了反应堆就可以建造核电站。

1946年，苏联建成第一座大型民用核反应堆，世界由此进入了原子能时代。

20世纪60年代以来，随着人口和经济的增长，人类对能源的消耗量逐年增加。然而，煤、石油、天然气的开采量总是有限的；太阳能的利用成本又太高，近期内看不到大规模使用的可能性。相比之下，发展核电是解决能源危机的一个有希望的途径。

1991年，我国自行设计、建造和运行的首座核电站——浙江秦山核电站成功并网发电。1994年，广东大亚湾核电站建成投产。到20世纪末，世界上已有约400座核电站为人类提供占总发电量约1/6的电力。

物理之光
WU LI ZHI GUANG

现代核电站反应堆内部，有限的空间蕴藏着巨大的能量

广东大亚湾核电站

四 新技术革命的发动机

原子弹和目前的核电站应用的是核裂变的原理，即某些重原子核发生裂变，释放出巨大能量。相反地，某些轻原子核也能聚合成较重的核，称为核聚变，在这一过程中释放出的能量比裂变大几倍到十几倍。1952年，美国在马绍尔群岛的一个珊瑚岛上爆炸了世界上第一颗氢弹。氢弹所发生的是一种不可控的核聚变，巨大能量瞬间爆发。

核聚变反应的原料氘就存在于普通海水中，而海水在地球上取之不尽、用之不竭。据计算，一桶海水中能提取的氘能量相当于300桶汽油。可见，一旦核聚变能被利用起来，将使人类彻底摆脱能源危机。然而，目前核聚变还不能像核裂变那样在人工控制下逐步将核能转变为电能。我们期望，物理学家们在不远的将来能够研究出实现受控核聚变的有效方法。

1952年，美国爆炸了世界上第一颗氢弹

物理之光
WU LI ZHI GUANG

科学家们用于研究受控核聚变的实验装置——托卡马克

开发出受控核聚变技术就如同拥有了另一个太阳，这是科学家们50年来的梦想

2. 航空航天时代

自古以来，人类就向往像鸟儿一样自由自在地在天空翱翔。到了20世纪，随着发动机技术和空气动力学的发展，人类终于飞上了天空。不仅如此，人类还登上了月球，完成了从前只有在神话中才能想像的伟大壮举。

1903年12月3日，美国人威尔伯·莱特和奥维尔·莱特兄弟制造的人类第一架动力飞机"飞行者1号"试飞成功。一个飞行器的时代即将来临。

20世纪40年代以前，飞机均采用活塞式汽油发动机，但是无法满足更高速飞行的要求，结果出现了以喷气式发动机为动力的喷气式飞机。

1937年，英国空军教官惠特尔研制出世界上第一台涡轮喷气发动机。1939年，德国航空设计师冯·奥亨设计的世界上第一架喷气式飞机试飞成功。1947年，美国贝尔飞机公司研制的XS-1型实验火箭飞机进行了首次超音速飞行。

"飞行者1号"进行首次飞行的情景

理之光
WU LI ZHI GUANG

威尔伯·莱特（1867—1912）和奥维尔·莱特（1871—1948）

英国的惠特尔（右）和德国的冯·奥亨（左）在第二次世界大战结束后，一起探讨喷气发动机问题

　　飞行是力量的表现。如果说航空事业的发展实现了人类在近地空间的支配性力量，那么航天技术就标志着人类的这种力量扩展到了宇宙空间。航天飞离地面更远，要求更高的速度、更长的航程、更可靠的控制。因此，必须依靠新的动力装置——火箭。

　　1903年，俄国科学家齐奥尔科夫斯基第一次指出火箭可以作为航天的动力，并提出建造多级火箭和液体火箭的设想。美国物理学家戈达德于1918年

科学小辞典：航空学和航天学

　　航空学：研究航空器及其在大气层内飞行的技术学科。研究对象有重于空气的航空器（如飞机、直升机等）和轻于空气的航空器（如气球、飞艇等）两类。

　　航天学：研究航天器及其在大气层外太阳系内飞行的技术学科。研究对象为载人和不载人航天器，以及它们的运载器。

四　新技术革命的发动机

和1926年分别成功发射了世界上第一枚固体火箭和液体火箭。

第二次世界大战结束后，火箭技术有了极大的发展。1957年10月4日，苏联用"苏联1号"三级火箭成功地发射了世界上第一颗人造地球卫星。1970年4月24日，中国首次用"长征1号"运载火箭发射我国第一颗人造卫星"东方红一号"成功。

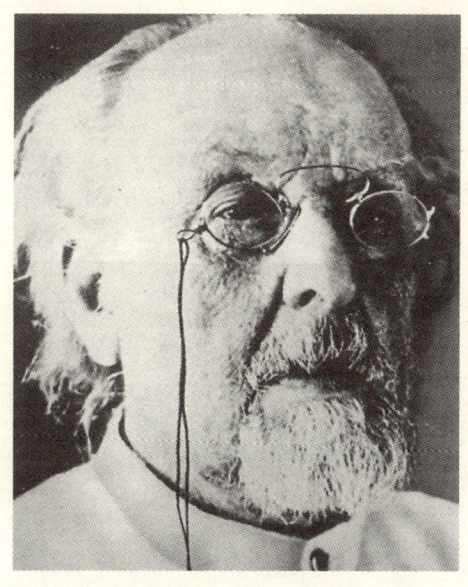

俄国科学家齐奥尔科夫斯基（1857—1935），现代火箭航天技术的先驱

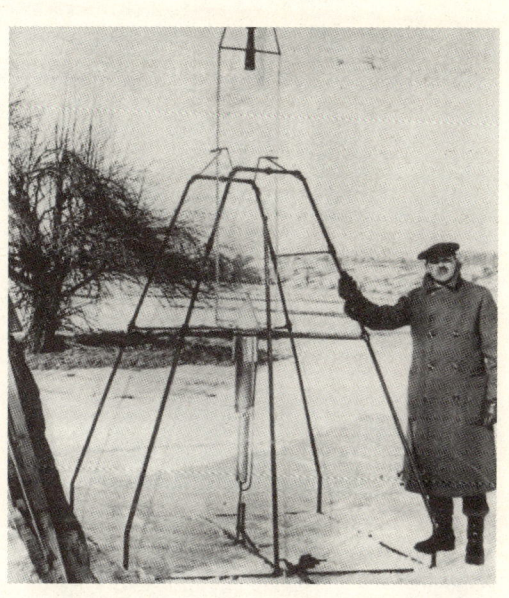

美国科学家戈达德（1882—1945）发射的世界上第一枚液体火箭

前苏联发射的世界上第一颗人造地球卫星

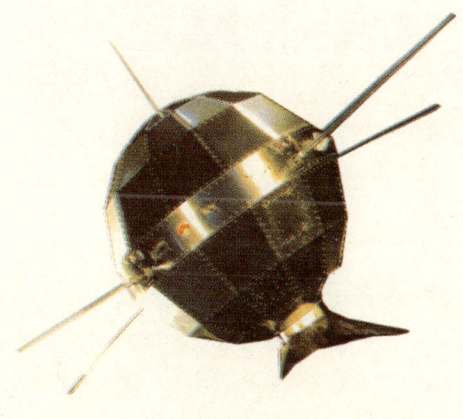

中国第一颗人造地球卫星"东方红一号"

物理之光 WU LI ZHI GUANG

1961年4月12日,前苏联航天员加加林乘"东方1"号宇宙飞船飞入太空。1个多小时后,加加林安全返回地面,成功实现了人类历史上的第一次太空飞行。

在加加林飞出地球的43天之后,美国宣布实施阿波罗登月计划。1969年7月21日,美国宇航员阿姆斯特朗和奥尔德林走出"阿波罗11"号飞船登上了月球。它首次将人类文明带入了地外空间,显示了人类文明的伟大成就,使人类真正进入了一个空间时代。

1976年7月20日,美国"海盗-1"号无人探测器着陆舱在火星上成功着陆。

1981年4月12日,美国"哥伦比亚"号航天飞机试飞成功,实现了航天器的重复利用,也使升空和太空活动变得更加容易。

物理学及相关技术的发展不仅使人类飞翔的梦想在20世纪变为现实,而且催生出效益巨大的航空、航天产业。

前苏联航天员加加林在宇宙飞船上

美国宇航员阿姆斯特朗在月球上,其背后是登月舱

名人名言

地球是人类的摇篮,但人类不可能永远被束缚在摇篮里。他首先将小心地探索大气层的边缘,然后将把控制和干预能力扩展到整个太阳系。

——齐奥尔科夫斯基

1981年4月12日美国"哥伦比亚"号航天飞机首次发射升空的瞬间

3. 电子技术与信息时代

20世纪物理学在半导体、集成电路、激光、磁性、超导等方面的理论研究成果和新发现、新发明，推动了电子技术的发展，奠定了信息革命的基础，广播、电视、无线电话、计算机、互联网等应运而生，使人类跨入信息化、网络化时代。

1904年，英国物理学家弗莱明发明了真空二极管。他在真空二极管中放置两块金属板，一个是正极，一个是负极。当加热负极时，就有电子流入正极。当正极加上无线电信号时，通过的电流就随之发生波动，这样，二极管就能够起到检波作用。美中不足的是，电信号过于微弱。

1906年，美国物理学家德福雷斯特把二极管发展为三极管，实现了无线电信号的放大功能。之后，四极管、五极管、微波管相继问世，使可利用的电波频率区段大大扩展，电子设备功率大大增加。

英国物理学家弗莱明（1849—1945）与真空二极管

美国工程师德福雷斯特（1873—1961）与真空三极管

四　新技术革命的发动机

1945年，美国贝尔电话实验室的物理学家巴丁、肖克利和布拉顿合作发明了以锗为材料的第一只晶体管。但是，锗比较稀少，因此第一批晶体管价格很贵。到了20世纪50年代初，人们发现更合适做半导体材料的硅之后，实用性晶体管才大规模地普及开来。用高纯硅制作的晶体管只有米粒大小，耗电量只有电子管的十万分之一，它的问世大大加速了电子技术的发展。

1958年，美国工程师基尔比和赫尔尼几乎同时研制出最早的集成电路。20世纪60年代以来，集成电路向大规模集成电路甚至超大规模集成电路发展，其集成度越来越高，功能越来越强。由于电子元件的变革，电子产品的性能价格比急剧下降，达到了空前的普及，使人类进入了电子化时代。

美国物理学家巴丁（1893—1960）（后左）、肖克利（1910—1989）（后右）和布拉顿（1902—1987）（前）发明了世界上第一支晶体管，三人因此共同获得1956年诺贝尔物理学奖

科学小辞典：集成电路

集成电路：现在也称为"芯片"，是将电子元器件（即晶体管）与电子线路组合起来，构成一个整体，做在同一块硅晶片上。

美国工程师基尔比（1923— ）
与他研制出的最早的集成电路

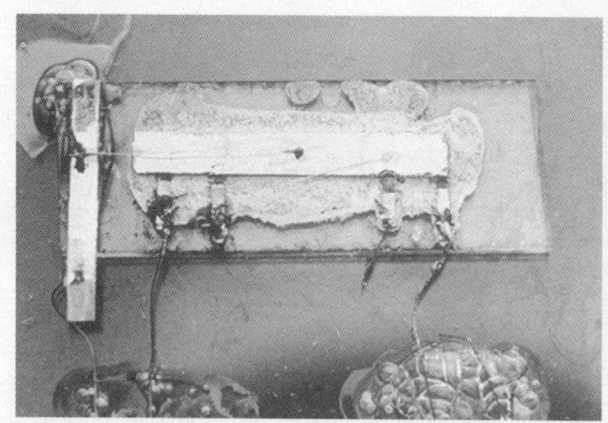

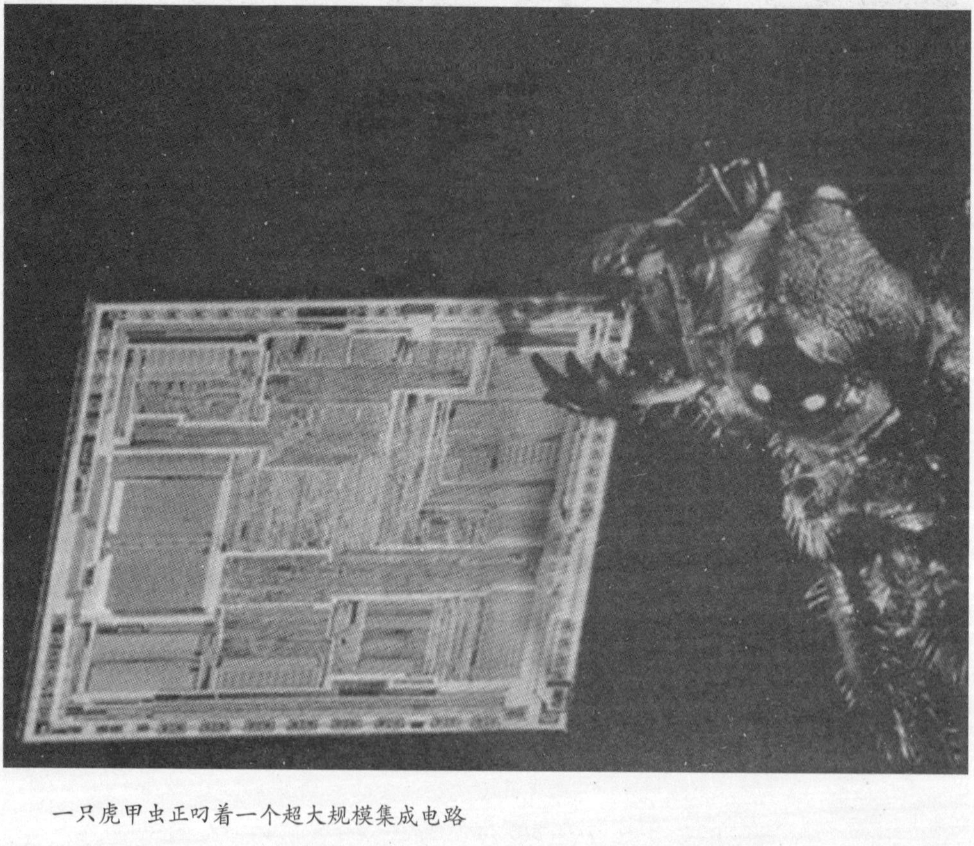

一只虎甲虫正叮着一个超大规模集成电路

四　新技术革命的发动机

美国物理学家费森登（1866—1932），发明了无线电话和无线电广播

　　三极管的发明为无线电通讯和广播开辟了道路。1906年，美国物理学家费森登使用无线电发射机和麦克风，首次成功地实现了无线电广播。1920年，美国威斯汀豪斯公司开设了世界上第一座无线广播电台，定时播送音乐节目、新闻消息和广告。广播突破空间距离将娱乐带进了家庭，使小小的收音机成为家庭新的娱乐中心。

　　1925年，英国工程师贝尔德等成功研制出机械扫描的电视系统。1929年，贝尔德改进了电视传输系统，并开始进行公共电视广播。从1930年开始，电视进入市场。1933年俄裔美国工程师左利金发明了光电摄像管，从而以电子扫描技术取代了机械扫描技术，使图像分辨率大大提高。第二次世界大战结束后，电视机工业发展突飞猛进，电视逐渐取代无线电广播成为家庭新的娱乐中心。

物理之光
WU LI ZHI GUANG

英国工程师贝尔德（1888—1946）

贝尔德制造的早期机械扫描的电视系统

四 新技术革命的发动机

由于电子技术的发展，很多科学家和工程师意识到可以利用电器元件来制造计算机。1946年，美国宾夕法尼亚大学的莫希利等人制成世界上第一台电子计算机——ENIAC。但是，其最大的问题是计算程序为外插型，需要花很多时间事先准备程序，大大影响了计算速度。

1946年，美国数学家冯·诺依曼提出了改进方案，即用二进制代替十进制以及将"程序"本身当作数据储存起来，从而进一步提高了运算速度。这也成为迄今为止一切电子计算机结构的基本模型。1949年，第一台冯·诺依曼机——EDSAC在英国剑桥大学试制成功。此后，计算机进入了工业生产阶段。

随着电子技术的发展，计算机也出现了数次较重大的变革。电子真空管计算机是第一代，晶体管计算机是第二代，集成电路和大规模集成电路计算机则为第三代和第四代。

世界上第一台电子计算机ENIAC，占地170平方米，重30多吨，有1.8万个电子管，用十进制计算，每秒运算5 000次

英国剑桥大学于1949年研制成的第一台存储程序计算机EDSAC

1950年，冯·诺依曼（左）设计的IAS电子管计算机制造成功。这台机器有2 300个电子管，采用二进制计算，运算速度比ENIAC提高10倍

四 新技术革命的发动机

计算机的普及，也引发了一场信息传输运动，这就是计算机网络的兴起。

1969年，世界上第一个计算机网络、现代互联网的前身——ARPANET网投入使用，它是美国国防部为指挥自动化系统提供通信支持而研制的大型军用计算机网。1983年，ARPANET网被分为军用和民用两部分，民用网名为NSFNET，1989年改名为Internet。今天，"Internet"已成为互联网的同义词。1991年，万维网（WWW）出现，掀起了网络通讯革命。

随着互联网的壮大，一个新的虚拟世界正在诞生，人们的交往方式发生了质的变化。"秀才不出门，能知天下事"，在网络时代完全成为现实。

如今，计算机和互联网已渗透到人类生产生活的方方面面，把世界的各个角落紧密地联系为一个近在咫尺的"地球村"，并且对20世纪后期的经济、军事、社会产生了重要影响。

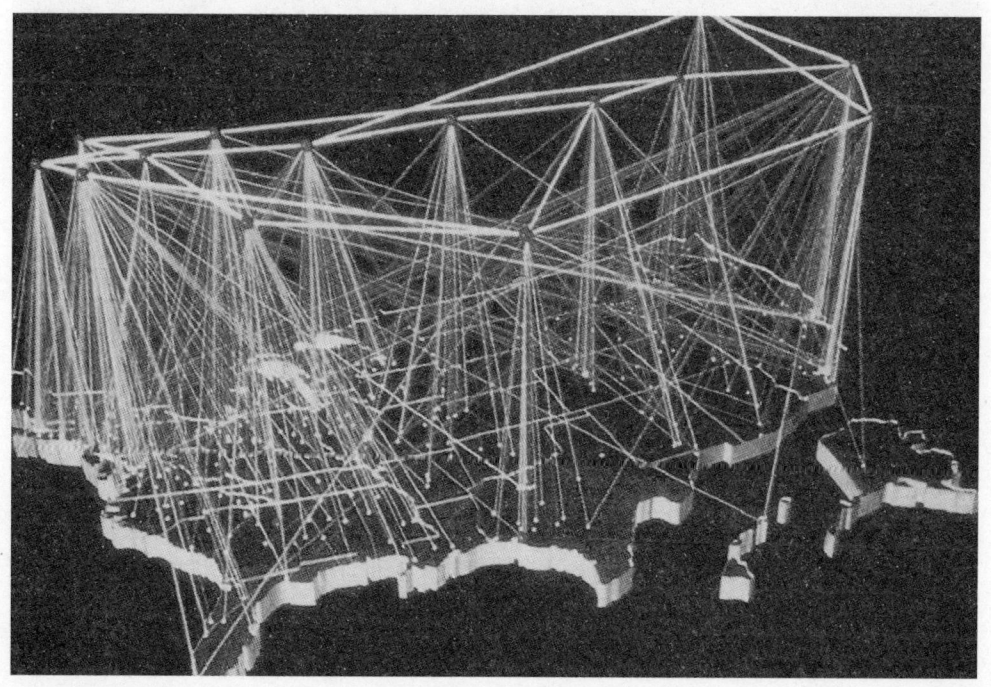

美国"信息高速公路"战略规划示意图

物理之光 WU LI ZHI GUANG

![硅谷的一角]

硅谷的一角。20世纪60年代以后，美国旧金山南部的一条狭长地带聚集了一大批IT研发企业，形成了今天著名的硅谷，引领了世界信息产业的发展，并使美国经济获得持续的发展动力

IT技术人员正在设计集成电路

148

4. 军事变革

物理学的发展促进了军事装备技术的进步，并改变了战争的面貌。

1914年，第一次世界大战爆发，诞生不久的无线电技术和飞机在战争中得到广泛使用。1915年，世界上第一辆坦克在英国诞生，一年后即被投入战场。

1939年，第二次世界大战全面爆发。坦克、飞机和无线电技术

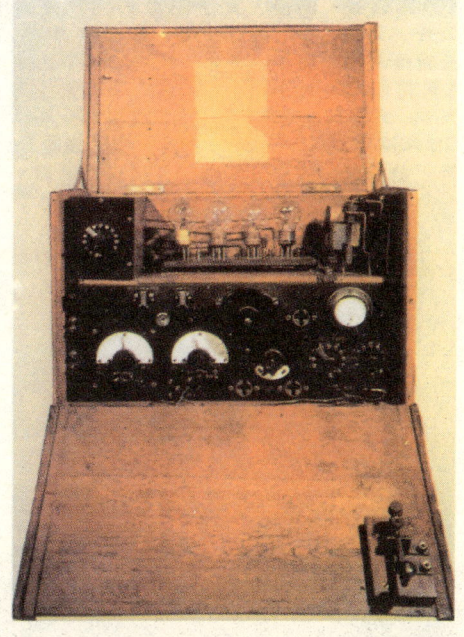

一台在第一次世界大战中使用的军用无线电台

第二次世界大战初期，英国在其东海岸设置的"本土链"雷达系统中的一个雷达站

世界上最早的导弹——德国V-2火箭发射升空的情景

的结合，导致了一种新的作战模式——"闪电战"的诞生。而在太平洋战场上，航空母舰和舰载作战飞机取代了战列舰、巡洋舰等在海战中的主导地位，结束了持续了约500年的"大炮巨舰"时代。

随着无线电技术的发展，20世纪30年代诞生了一项重要的军事技术成果——雷达。第二次世界大战前夕，英国建成了世界上最早的防空雷达预警系统——"本土链"，该系统在抗击纳粹德国空军的战役中，成为英国的护身法宝。

由于雷达和无线电通信、导航技术的广泛应用，诞生了电子对抗（包括电子侦察、电子干扰、反电子侦察与反电子干扰）技术。在英美空军轰炸德国和1944年诺曼底战役中，电子对抗为保障作战胜利发挥了关键作用。在这期间，德国还研制出世界上第一批导弹，如弹道导弹、空空导弹、空地导弹和反坦克导弹等。

第二次世界大战结束后，军事装备技术得到了迅速发展。特别是信息技术的进步，不仅使通信、雷达、导弹、电子对抗等技术装备的性能有了大幅度提高，还导致了自动化军事指挥系统和军用卫星的诞生，并且在20世纪90年代形成了人类历史上全新的作战形态——信息化战争，引起了军事思想、作战模式、军队编制体制等方面的彻底变革。

美国E-3空中预警机是空中的信息化指挥、控制、通信与情报中心，它在空战中发挥着"力量倍增器"的作用

20世纪后期美国使用的侦察卫星"大鸟"

在20世纪末的海湾战争和21世纪初的伊拉克战争中,美国军队凭借其强大的信息技术优势及与其相适应的作战思想、编制体制所形成的信息化作战能力,打败了还停留在机械化时代的伊拉克军队

5. 激光技术

1916年，爱因斯坦提出受激辐射的概念，奠定了激光器的理论基础。54年后，美国科学家梅曼发明世界上第一台红宝石激光器。激光与普通光相比，具备方向性、单色性和相干性好而亮度极强等特点，因此用途广泛。

1955年，世界上第一根光导纤维诞生。但由于当时缺少发散率极小的光源等原因，一直未能实际应用。直到激光诞生后的1970年，光纤技术才被用于通信领域。如今，光纤通信已成为各国大力发展的高技术产业。

激光还导致了光盘存储技术的诞生。1969年，荷兰菲利浦公司首次将电视节目刻录在光盘上。此后，激光影碟（LVD）、激光唱片（CD）、数字视频光盘（DVD）相继诞生。光盘具有信息容量大、存取速度高、价格低、寿命长及应用多样化等优点，被广泛作为数据、文字、图像、声音等信息的载体。

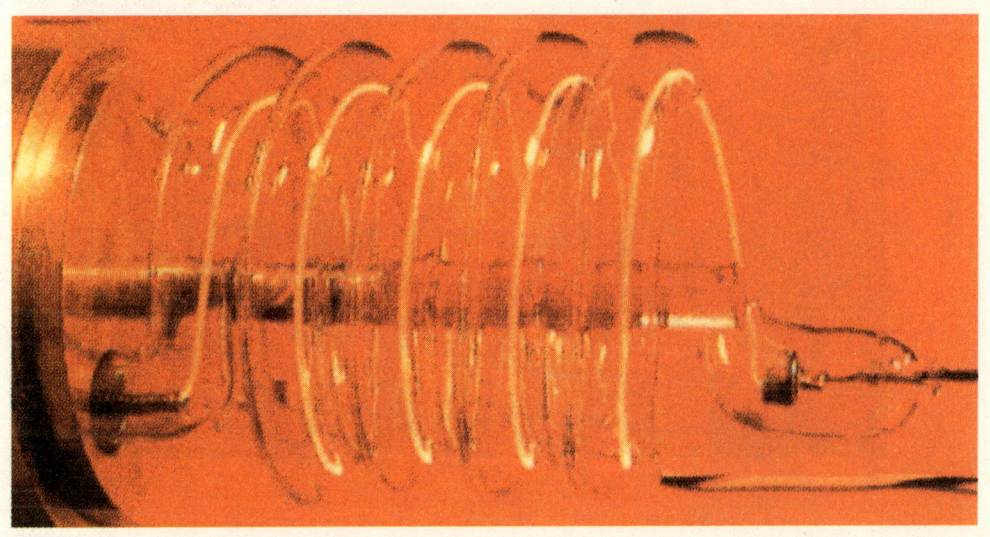

世界上第一台红宝石激光器

激光被广泛用于特种加工、精密检测、测量、导航、医疗、制药、育种、通信等领域，并且是一种常用的科研技术手段。图为激光核聚变实验装置

光导纤维

6. 超导技术

　　1911年，荷兰物理学家昂内斯首次发现某些金属在液氮温度下电阻突然消失，即低温"超导电性"现象，因此获得1913年诺贝尔物理学奖。在之后的40多年里，超导科学和技术一直发展缓慢。直到将量子力学理论引入超导领域，才有了重大突破。

　　1957年，美国物理学家巴丁、库珀和施里弗运用量子力学理论合作创建了超导微观理论。他们三人因此共同获得1972年诺贝尔物理学奖。

　　20世纪80年代，瑞士物理学家缪勒、德国物理学家柏诺兹和中国物理学家赵忠贤等先后发现钡镧铜氧体系高温超导化合物。这一研

昂内斯（1853—1926）（中间穿白衣者）在他创立的低温研究所内

美国物理学家巴丁（1893—1960）因发明晶体管和创建超导微观理论两次获得诺贝尔物理学奖

究成果导致此后多种液氮温区高温超导体材料的诞生,并宣告超导技术开发应用的时代终于到来了。今天,超导技术已在科研、医疗、交通、通信、军事、电力和能源等领域得到了广泛应用。

应用超导体的磁悬浮列车实验装置

7. 物理学的魅力

近代物理学革命的主要成果，不仅深深影响了人们的观念，而且广泛地改变了并继续改变着人们的日常生活。想一想晶体管和激光以及电视机、多媒体电脑和光纤连接的互联网，或许会更深地领会"物理学革命"的含义。

物理学的魅力不仅体现在其成果可以极大地改变人类的生活，尤其需要指出的是，物理学、特别是近代物理学，彰显出科学给人类带来的智力上的升华。物理学从纷杂的事物中抽象出物质的统一特性，更正了我们凭借常识得出的浅见，透过表象为我们揭示出物质本质上的奇妙特征，并且借助数学和逻辑，做出了最为理性而简洁的宇宙表述。物理学在为我们解释周边物质世界的同时，为我们营造出了内容丰富、思维缜密、富有想像、妙趣无穷的理论、方法与实验体系。

利用光纤通信技术建立的"信息高速公路"上可同时传送500个电视频道

8. 回顾与启示

回顾物理学的发展历程我们可以看到：物理学是先进生产力的开拓者，先进文化的创造者，社会进步的推动者。伴随着各个时代世界科学中心的转移，一个又一个世界强国随之诞生，而这些科学中心也是当时的物理学中心。以物理学为代表的基础科学，是引领国家科技、经济、军事实力持续增长的发动机。

科技创新决定着一个民族的命运，决定着一个国家在世界上的地位。正如中共中央总书记胡锦涛同志所指出的："要坚持把推动科技自主创新摆在全部科技工作的突出位置，坚持把提高科技自主创新能力作为推进结构调整和提高国家竞争力的中心环节。"

我们回顾历史，就是为了从中获得启示，加快发展我国的科技事业，大力增强自主科技创新能力，以实现中华民族的伟大复兴。

中国的"神舟五号"载人飞船

2003年10月15日,长征-2F运载火箭将"神舟五号"飞船送入太空,实现了中国的首次载人航天飞行,它标志着中华民族在攀登世界科技高峰的征途上又迈出了重要的一步